甜點品味學

蛋糕、塔派、泡芙、可頌、馬卡龍⋯⋯
深入剖析五感體驗，學習多元風味的拆解與重組

Comment j'ai dégusté mon gâteau

—作者—
瑪莉詠・堤露
Marion Thillou

—食譜—
馬修・達梅
Matthieu Dalmais

—攝影—
大衛・嘉皮
David Japy

—插畫—
希西・黃
Cécile Huang

—譯者—
黃詩雯

積木文化

致謝

我要感謝我的先生塞德力克（Cédric），他是我的支柱，總是全力支持我，適時給我建議與鼓勵，為我加油打氣，讓我有滿滿的創作熱情。

給我的孩子，小太陽拉法葉（Raphaël）和卡布心（Capucine）。看到他們閱讀這本書時，眼神中流露的驕傲，無疑是最棒的禮物。

給我的父親，他是我頭號的支持者，感謝他精神與我同在，支持我的專業熱情，他堅定的勇氣，值得我送他一顆護身「虎眼石」！

感謝 M.-A. 的耐心傾聽以及對我的信任。

謝謝馬修‧達梅（Matthieu Dalmais），接受了這趟瘋狂冒險的味覺挑戰，由於他身為甜點師的才華與創意，才能輕易地完成這場驚喜的探險。

謝謝加隆‧巴德（Garlone Bardel）和大衛‧嘉皮（David Japy），親切地引領我進入甜點書的世界。

謝謝希西‧黃（Cécile Huang），將我的文字轉化成無比優美的藝術插畫。

謝謝安可香料（Ankhor Épices）的山米（Samir），提供了高品質的產品。

給我甜點品味學的同事兼朋友，洛希安（Lauriane）及亞歷克希（Alexis）。

給希西（Cécile），致我們二十二年的友誼，一直以來的相持是我創作的動力……

給勞倫（Laurent）和菲利浦（Philippe），兩位我最敬愛的倫敦美食家。

給友人史蒂夫們（Stephs），謝謝你們在創業路上的指點迷津。

給在法國最美地區，當然是洛林（Lorraine），在那裡的家人及朋友們！

給在蓋朗德（Guérandais）及梅當（Médanais）的友人，謝謝你們的鼓勵與支持。

也要特別感謝我的忠實夥伴：Adeline、Carla、Emilie、Sonia、Ngalilele、Nadia、Édouard。

謝謝身邊和我同名，也叫作瑪莉詠的朋友們 #teammarion。

謝謝殼牌及國立化學工業高等學院（ENSIC）在二〇〇二年結業的朋友們，我們因石油化學相聚，把一切變得可能！

以及給不管是知名或是未知名，最才華洋溢的甜點師們，那些征服我味蕾的甜點，每天都讓我有所啟發。

目次

回憶與情感 4

來點品嘗背後的科學 6

甜點師是工藝師還是藝術家？ 13

品嘗甜點的參考 15

視覺：甜點中視覺的重要性 16

整體外觀 18

大小與比例 18

聖多諾黑 20

顏色 28

馬卡龍 30

光澤、表面結構及裝飾 36

修女泡芙 38

視覺的重新詮釋 46

視覺的驚喜 46

歌劇院蛋糕 48

覆盆子內餡香草塔 56

嗅覺：氣味之處 62

烘焙時的香氣 64

可頌 66

品嘗時的香味 72

翻轉蘋果塔 74

大理石蛋糕 80

聽覺：傾聽甜點的美妙歌聲 86

切下時發出的聲音 88

千層派 90

摩擦嘶嘶聲 96

巧克力慕斯蛋糕 98

觸覺：增進美味的質地 104

經典的質地組合 106

巴黎－布列斯特 108

輕盈的質地 116

厚重的質地 116

帕芙洛娃 118

巧克力塔 124

法式布丁塔 130

固體及液體 136

巴巴 136

味覺：終於輪到它了！ 142

最初的味道 144

蛋白霜檸檬塔 146

風味 152

多重風味的巧克力 152

法式草莓蛋糕 154

黑森林蛋糕 162

和諧的經典 170

栗子柑橘塔 172

終極感官組合：國王派 180

感知品味描述表 188

名詞解說 191

參考文獻 194

回憶與情感

「還記得小時候，
媽媽每週都會買一次
巧克力可頌給我吃。」

「我愛閃電泡芙；
小時候第一次動手做的
甜點就是它。」

「啊！這些柳橙蛋糕，
讓我想起了奶奶。」

「每當我吃黃香李（mirabelle）
塔的時候，那個六歲時
在祖父母花園裡的自己，
倏忽回到眼前。」

讀過這些字間情境，相信它們也喚醒您過往的美食回憶了，對吧？是啊，甜點總是會把我們帶到記憶構築的時光裡，特別是深植在童年時期的情感記憶。那些歷歷在目的，除了一定會有的味道之外，通常也會伴隨香氣一起湧現，甚至會想起口感，或咀嚼發出的聲音。就如同馬塞爾・普魯斯特（Marcel Proust）在《追憶似水年華》中，第一卷《斯萬家那邊》（*Du côté de chez Swann*）裡敘述到的：

「因為久未品嘗，即使看到小瑪德蓮蛋糕也不會特別讓我聯想起什麼……。不過當往事不再浮現，當生命消逝、事物毀滅後，氣味和味道卻總能獨立於形體之外，更脆弱卻也更富生命力、更虛幻、更恆久、也更忠實地長存於世。就像靈魂那樣，在殘骸的廢墟中徘徊護守著回憶，回想著、等待著、期盼著，憑藉著幾乎無法辨識的蛛絲馬跡，毫不畏懼地支撐起整座巨大回憶。」

這段話讓我深有共鳴；的確是如此。我們五感所連結的情緒烙印在記憶裡的，在未來會以回憶的方式提醒自己。但有時候，隨著年齡增長，不知不覺地我們會將過去甜點歡樂的回憶拋之腦後，而投注更多時間及熱情在其他建構法國文化的元素，好比酒。

法國美食大餐，包含餐點和酒的搭配，是舉世聞名的。聯合國教科文組織，在二〇一〇年[1]將其列為無形文化遺產。它的意義與價值不言而喻，遠超過於餐點來得更加深奧：

「它是用在慶祝個人或群體重要時刻的生活習俗與表現方式，如出生、婚禮、生日、慶功和團聚……它能緊密聯繫家人、朋友間的情感，以及強化社會互動關係。」

我們以餐點、好酒慶祝活動，並以甜點為餐後點綴，甜點的重要可見。然而，相較於品酒藝術，已有專門的品飲學（l'œnologie），但不解的是，對同樣重要的甜點，卻沒有像品酒一樣，給品賞悅人甜點的藝術專有的詞彙？對於那些和我同樣熱愛甜點的人，或甜點狂來說，這並不合理。法式甜點引領世界潮流，法國學校訓練了全世界的甜點師，將技巧和專業知識拓展到全球各地，培育出了無數的人才。這充滿熱情的行業同時也征服了許多同好，看看每年以業餘身分報考法國國家甜點師證照（CAP Pâtissier）的人數就知道了。為什麼我們卻只追求於製作甜點的熱情，而不同時探究品嘗它們的方式呢？

於是我一手拿甜點匙、一手拿筆，口中嘗、手中書寫，藉由分享品嘗甜點的熱情，填補心裡的缺憾。在這本探索甜點品嘗的技術，或者說品嘗甜點之藝術的書裡，我會提到一些科學，用一點科學的原理告訴您五種感官在品嘗背後的機制運作，是有點像科宅沒錯！不過最主要還是著重在情感的部分，我們會一同進入甜點主廚的想像世界，探索他們創作的精彩過程。

接著透過五感為基準，我將會深入剖析法式甜點的經典之作，儘管是條理分明的方式，但著眼點依然放在最重要的：品嘗的樂趣。同時書中也會列出精選的甜點名店，讓您按圖索驥就能找到書裡所提及的樂趣，並且還有專門設計可用來提升感官經驗的甜點配方。

那麼，請準備好一起來創造新的甜蜜回憶吧！

---

[1] https://ich.unesco.org/fr/RL/le-repas-gastronomique-des-francais-00437

來點品嘗背後的科學

在引言裡，提到了五感在情感與記憶情緒裡所造成的強烈影響。愈來愈多的研究傾向於品嘗時的神經科學面向，甚至創造了「神經美食學（neurogastronomie）」一詞，也讓我們真正開始了解，我們的感官在這機制運作中扮演的角色。

味覺

長期以來，我們都認為是舌頭和味蕾負責感受味道。但近年來的科學研究顯示，事實上，是我們的大腦指揮並處理了來自感官的訊號轉換。我們每個人都有超過一萬個味蕾，分布在舌頭、上顎及咽部等處。每個味蕾是由三至五個味覺細胞組成，負責傳遞味覺的相關訊息給大腦。透過味蕾收集的味覺訊息與大腦的相連，我們可以了解並做出明智的反應。換句話說，味蕾的基礎功能就是為了生存需要，告訴我們什麼能吃，什麼不行，幫我們辨別是食物還是有害物質；能辨識甜味，選擇富含營養能量的食物，且能辨識苦味，提醒我們避開有害的食物。這些為了存活下去的味覺演化發展，因此使我們大腦的運作較偏好甜味的食物，同時觸發大腦中

的獎勵機制。釋放出的多巴胺會使人不斷想繼續吃下這類食物。這也是為什麼甜點與毒品常被拿來作比較了！

但實際上，究竟是什麼樣的機制呢？

當唾液分解並溶解食物時會釋放出分子，這些分子會與味覺細胞結合並產生神經訊號。更簡單地說，我們可以把它們想像成鑰匙與鎖的關係：作為「鑰匙」的分子能打開某種作為「鎖」的受體，這些受體能對五種基本味覺的其中一種，經由化學管道產生神經訊號傳送給大腦。這五種基本味覺為鹹、甜、酸、苦和鮮（umami），最後的鮮味或稱旨味，來自日文中對「美味」的味感描述，是指像是肉、乳酪絲或海帶乾等，經過發酵、熟成或烹煮過程中，所釋出的麩胺酸（l'acide glutamique）帶來的味道。不過，每一種味道都有專門的味蕾負責偵測，像甜味受體只會和甜味分子結合，不會和苦味分子結合。

這與我們過去認知不同的是，特定的味道並不局限於舌頭的某部位，舌頭上的味蕾，不論在哪個區域，都可以偵測並傳送五種味覺的訊息。因此，當我們在品嘗料理時，大腦會接收到不同的神經訊號，建構出比五種基本味覺更複雜的味道訊息，

使我們得以更具體描述及使用像是「澀」（astringent）、「溫和」（doux）、「辛辣」（piquant）等更精確的形容詞。

相關研究指出，味覺除了可以簡單對應到大腦中的某個區域外，也與大腦中特定位置的活動有關。就像某個受體被活化後，大腦的某個特定區域會以特殊方式被觸發，因此刺激的位置與形式都很重要。此外要特別提出的是，與味覺有關的神經訊息，會在我們腦內多處進行傳導。訊號通過視丘，會先到達大腦皮質，也就是所有味覺感受的中心。接著訊號會進到邊緣系統，也就是情感及愉悅感的中心，再傳到下視丘（主要負責滿足感），及主管一部分記憶的海馬迴。涉及的區域是如此複雜，可見味覺、感覺和記憶之間的密切關聯。如果說舌頭是用來辨識味覺，那麼大腦便是負責解讀味覺了。味覺與其他感

感官與科學

圖一

1. 早餐 ── 2. 在森林散步 ── 3. 媽媽的乳液
4. 花園裡的黃香李 ── 5. 煙燻味

覺，如視覺、聽覺或觸覺所不同的是，味覺是更為內在的感覺。不僅能獨立於主觀感受外，辨識不同的味道；並與其他感官縝密交織，形成一種難以區分的體驗。接著就來談談味覺與嗅覺是如何地密不可分。

嗅覺

主管嗅覺的地方在我們鼻腔的上半部，也就是嗅上皮內。氣味分子與此處的嗅覺受體相互作用，接著神經訊號會傳送到大腦，在那裡訊號會依我們的嗅覺回憶解讀，辨析不同的氣味。

氣味可經由兩種不同方式到達嗅覺受體。一種是經由鼻腔通道，也就是食物入口前聞到的氣味，稱為鼻前嗅覺；另一種是通過口腔後方，當食物入口後，被咀嚼時會釋放出氣味分子，這些分子進到我們鼻子的後方，附著鼻腔內的感受，稱為鼻後嗅覺。

我們的大腦能藉由五道受體辨識出五種味道（甜、鹹、酸、苦和鮮），但在鼻腔裡卻有數以百計的嗅覺受體。在嗅毛上所產生的刺激組合高達到上兆！幾乎無限的嗅覺辨識主要是仰賴經驗及精密組合的記憶，這也是品酒專家所熟知的嗅覺訓練工作。

此外，嗅覺直接相連大腦裡負責過去記憶，或自傳式記憶功能相關的海馬迴，以及連結負責情緒的邊緣系統。這點明了嗅覺是與記憶和情感聯繫最密切的感官。也可以解釋為什麼微熱布里歐（brioche）的簡單香氣，以及溫熱的牛奶，能馬上帶我們回到童年的午茶時光，人們對氣味的感覺容易受到情感和環境左右。對於食物或香水的氣味之所以喜歡或厭惡，也是同樣道理。根據一項實驗指出，35%受試者記得他們聞到的味道，相較只有5%記得他們看到的東西，這個結果顯示，氣味所造成的記憶，要比視覺所見的要來得長久持續。值得一提的是，這種記憶會引出情感層面，而不只是喚起事件的記憶。嗅覺可說是貨真價實的時光機啊！當然，在風味的感受上味覺與嗅覺密不可分，尤其是前面提到的鼻後嗅覺機制。

試看看嗅覺轉介的實驗吧：把鼻子緊緊捏住，放一顆糖果在嘴巴裡咀嚼，您只會感受到甜味，不會感覺到氣味。但當您把捏住鼻子的手放開，立刻就能感受到豐富的味道。味道是我們大腦所建構出來的，它結合了味覺及嗅覺的識別，並對我們品嘗的食物賦予意義！但大腦對我們玩的把戲可不只限於此……

視覺

當我們擷取周圍環境訊息時，絕大多數最先通過的就是由視覺獲取的線索。品嘗之前，我們通常會先查看、觀察再決

定，這能避免我們吃下有毒的食物。而視覺外觀也建立起我們對於食物的想像，譬如社交網絡上不斷出現的美食照片標籤#foodporn，就是證明！

顏色對我們的食慾會造成一定的影響。但就如同味道和氣味一樣，我們所看到的顏色本身並不存在。我們能看到顏色，是基於大腦解讀可見光譜中各種不同波長的光線互動所致。我們的視網膜由受體細胞、視桿細胞和視錐細胞組成。視桿細胞負責接收有關光的亮度訊息，讓我們在光線較暗時仍能看見，而視錐細胞負責分辨顏色。視錐細胞根據它們能接收的波長分為好幾類，若有一類視錐細胞的功能發生障礙或缺失而無法產生神經訊號，就會導致所謂的色盲。

無論是否真的如此，顏色的感知影響我們對食物性質的解釋和分析。一項品酒專家的實驗表示，葡萄酒的顏色對感官分析有所影響：即使是經驗老道的品酒專家，也會被顏色誤導，用對紅酒的典型詞彙描述被染成紅色的白葡萄酒！實驗告訴我們，視覺刺激會影響我們對味道的感知，顏色也會決定對食物的預期。

顏色影響感知反應，在產品和包裝的設計行銷方面，可說是充分的體現！舉例來說，一樣的產品採用紅色的包裝會比黃色或綠色的包裝，被認為來得更甜一點。另一項有名的實驗是，在黑暗中讓受試者品嘗食物，受試者的體驗並沒有不適的反應，但當受試者發現吃的是藍色牛排和紅色豌豆時，著實讓他們飽受驚嚇。而在西班牙進行的一項研究中發現，把冷凍草莓慕斯用白色盤子盛盤，受試者覺得甜度比起黑色盤子高了10%，美味度則增加15%！很顯然，不只是食物的顏色，容器的顏色也會改變或調整我們對味道的感知。

儘管看起來有些不可思議，但食物的形式也同樣重要。我們甚至可以根據它們的直觀形式來辨別食物。在許多美食節上，消費者被要求將菜餚分類為「圓形」類別或「角形」類別。大多數人會把鹹的、苦的、酸的食物歸放稜角的一邊，把甜的、奶油的食物歸放圓的一邊。無一例外，受試者形容菜餚放在圓盤上就是比角形盤還要甜，可見形狀與顏色對感知的影響。

某些國際知名的主廚甚至決定運用這種手法，將甜點製作成以假亂真的水果造型，使焦點回歸風味本身，或是將料理做成不可食用物品的造型。這種視覺可以營造享用甜點的氛圍，我在後面會加以敘述。

聽覺

在我們提到品嘗經驗時，聽覺似乎鮮少被提及，可說是被遺忘的感官。但在這裡我們將會看到不同環境與其相關聲音的重要性。當步出甜點的世界，進入餐飲料理時，我們會發現聲音在烹調過程中產生

感官與科學

圖二

1. 能量——2. 大自然——3. 柔和

4. 普羅旺斯（provence）——5. 煤炭

的影響有多重要。聲音可以成為判斷的依據，能定義我們對料理的期待。就像聽到廚房裡傳來微波爐的響亮聲，誰會沒有被騙的感覺呢？所幸的是，廚房傳來的聲音通常是令人愉悅，就像巴甫洛夫（Pavlov）的狗和他的小鈴鐺一樣，讓人聽到聲響就想嘗試。

回過頭來讓我們先談甜點吧！試著回想一下，在品嘗哪種甜點時會發出響亮的聲音。您一定會想到千層派與維也納麵包類（viennoiseries）。的確，硬脆（craquant）、鬆脆（croquant）或酥脆（croustillant）的聲音，會刺激感官引發食慾，帶給我們最大的品嘗樂趣。

針對這項主題，美國研究人員進行了令人吃驚的研究：透過向吃洋芋片的受試者播放響脆的聲音，結果發現相較於把音頻調低，當音頻調高時，受試者會覺得洋芋片的新鮮度和脆度提升15%。也就是說，品嘗時聽到的聲音會改變我們對味道的感知，尤其是對酥脆、硬脆或鬆脆的食物，含奶醬類的也沒有例外。即使我們自認為能感受到成分的質地，但實際上並非如此，我們的牙齒並沒有觸覺受體，其他被動員起來在這目的上運作的下巴及嘴巴部分，並沒有真正傳遞有關質地的精確訊息。

相反地，我們在吃餅乾，用牙齒咀嚼時聽到的聲音，更準確地讓我們了解嘴裡食物的質地。這是因為，當中的一些聲音透過顎骨傳遞到內耳，而其他聲音經由空氣傳遞，大腦同時將這些聲音與其他感官訊號進行即時整合所致。因此，如果聲音被調整過，就會像洋芋片實驗一樣，大腦會認為質地不同，甚至認定訊號是來自嘴裡的味道。

但大多數人都忽略了食物鬆脆的聲音在品賞料理整體時的重要性。我們常透過清脆聲來衡量食材的酥脆性與新鮮，它是我們判識食物品質好壞的重要指標之一。鬆脆酥脆的特徵點在於，這種聽覺訊號讓我們將它與產品的新鮮度，甚至季節性聯繫起來。而酥脆的聲音也可能與烹飪食物的梅納（Maillard）反應有關，那是對含有蛋白質和碳水化合物的食物高溫加熱時，產生的褐變反應。這類食物能激起大腦強烈的反應，也導致人們喜好這些相關的聲音，讓這類食物對人產生難以抗拒的吸引力。

當然，還有品嘗食物時的聲音氛圍。對大部分受訪者來說，環境噪音是餐廳裡僅次於服務的常見抱怨，它甚至可以毀了整個用餐體驗。有研究表示，安靜品嘗能讓專注力放在食物上，並提升感官的愉悅度。也就是說，品嘗的感受是全方位感官的體驗，除了味道、香氣、視覺，還包含聽覺的感受，像是餐具發出的聲音與音樂等，以及在後面章節將會看到的觸覺質地等，都與味覺體驗相互密切關聯。

觸覺

我們已經來到了第五種感官，也就是觸覺。您可能某程度地感覺到了，觸覺在感受體驗和品嘗樂趣中的重要性。的確，因為皮膚是觸覺的主要感覺器官，占人體體重的16%到18%啊！當然我也會在這裡提到質地！然而感覺訊號幾乎難以分離出來，很難單憑經驗證明究竟是質地或觸覺的影響。不過，可以舉個容易理解的例子，就像黏性液體，由於低揮發性物質的質地特質，在不同溫度或壓力下質地會有所變化，而隨著質地的形變，觸覺感知到的也有所不同。儘管五感中的聽覺及觸覺，對品嘗經驗的貢獻並不如其他感官來得明顯，但有時也正是這兩種的感知帶來了令人難以忘懷的體驗。

現在就從蛋糕放入嘴裡的觸覺開始探索吧。當然，用手直接拿取，或使用金屬餐具品嘗是有所差異的。有重量的金屬餐具也代表著相當的品質，讓您能在氣氛舒適的狀態中品嘗。有些餐點反而是用手取食，才會帶來別有的特殊風味。您能想像用刀叉吃維也納麵包嗎？

在加拿大進行的一項實驗顯示，食物在手指的感覺會影響味覺感受：（不妨想像一下！）儘管嘴裡吃的是新鮮酥脆的可頌，但要是當下手中的觸感是軟塌不夠新鮮的，可是會讓我們覺得嘴裡像是有油耗味呢！

食物在嘴裡的口感也會影響我們的好惡。舉生蠔的例子來說，許多人就是因為它的口感而討厭它。口感特性也是食物之所以讓人著迷令人愉悅的關鍵。有研究人員表示，巧克力的感官優勢之一，就是它在口溫下融化產生的口感變化。您可以嘗試吃一片冰藏的巧克力，接著再吃一片常溫的巧克力感受看看。我領教過了，真的令人咋舌。

食物在嘴裡的觸感帶來的口感，對我們在食物品質的感知與偏好上，有至關重要的作用。最具療癒力的食物，通常都帶有滑順感、綿密的口感（如冰淇淋、巧克力慕斯等）。另一方面，可以用手拿著吃的食物，像是零食形式之類的，通常是帶有酥脆性口感；而口感對比鮮明的，普遍都能受到消費者高度讚賞與青睞。這些讓人感到滿足的口感，也是許多甜點主廚在開發新甜點時列為設想的要素。對食物風味的品嘗，特別是甜點，是牽涉多種感官的綜合感受，即使理論上某些感官如聽覺或觸覺，似乎不是很明顯的參與運作，但事實證明，讓人難以忘懷的品嘗記憶，都是由五種感官機制運作建構的。

甜點師是工藝師
還是藝術家？

現在您應該更加理解感官在品嘗運作所扮演的角色，然而對甜點主廚的創作歷程，仍然蒙著一層神祕面紗。那些在品嘗過程中發現的精妙細節，真的都來自甜點主廚的想法設計嗎？或者，您是否也曾用同他或她一樣的想法來理解蛋糕的結構呢？我經常拿此與文學作比較：學生所識別出來的修辭手法，是否都是作者刻意安排的呢？因此，在這章節裡，我試著把重點放在甜點的創作過程，為此我也與多位的甜點師討論，並大量蒐集資料閱讀相關書籍與採訪。

在創作初始，絕對必備的要項就是技術。的確，甜點師要是沒有專業的技術基礎，缺乏對素材及其原理、效果的了解，也沒有經過試作、與同行交流或接受專業培訓持續精進的話，是無法創作出新穎甜點或重新詮釋經典的。業界很多的麵包師傅、甜點師傅甚至宮殿級酒店的甜點主廚，都會定期到各學校進修提升專業知能與技術。也不乏在職業技能競賽中挑戰自我，藉由比賽與同業高手相競來超越自我，邁向目標前進，像是具有崇高地位的聖杯，象徵至高榮譽的「法國最佳工藝

師」（MOF）。技術的重要不可言喻，它能作為甜點師創造力的指標之一。而說到技術創作，無以避免就會回到老生常談的問題：「甜點師可算是藝術家嗎？」

在與訪談者的對話中，我深刻感受到某種謹慎的氛圍，也許還隱有這行業背後裡不為人所知的價值與沉重感。是的，甜點師長期處於幕後的工作廚房裡，隱身在知名料理主廚的影子之下，受到的關注度不高！他們很難將自己定義為藝術家，或者定位為具有「藝術敏感性」的工藝師，甚至是「工藝師／藝術家混合體」，馥頌（Fauchon）餐廳的行政總廚弗朗索瓦‧杜畢內（François Daubinet）意味深長的表示。

講求藝術手法的甜點製作如同藝術，它與其他工藝一樣離不開創作，追求突破與創新。從無到有的創作過程中，甜點師最初得抽象地想像，打破固有框架限制，再結合各種的技法創造出獨特性；又或是受某種味道的啟發，從許多累積於品嘗體驗的記憶中，尋求靈感創作展現出的自屬風味，而非既定足跡的複製。

對甜點師而言，品嘗新產品、新組合，

不斷提升味覺與感官資料庫是重要且必要的事。許多甜點師還聲稱，他們的料理經驗，包含鹹食、與料理廚師的接觸，甚至在廚房的親身經歷，都對他們的創作產生強烈的影響。

甜點主廚兼麵包烘焙坊（Des gâteaux et du pain）創始人克萊兒‧達蒙（Claire Damon）解釋，對她來說，品嘗優質食材時與情感結合的感受，是導引她創作配方的靈感來源。那是全憑直覺的過程：從食材出發，腦海中有了味道，再組合催生出所想的「美妙的感覺」。因此，創作的開始是相較簡單純粹的，只要從一件事出發：優質食材的味道與口感。她同時也表示，因自己的個性使然，唯有當腦海出現具體視覺形象時才會開始創作。這點和其他甜點師無異，她認為一旦產品賦予了視覺形象就足以展開創作了。創作得要精確、視覺上簡單俐落，但製作上絕對要細緻精巧，而且對她而言最重要的是「在不損壞食材前提下進行轉化」。對許多甜點師來說，靈感的來源儘管不盡相同，但絕大部分都與視覺有關：像是繪畫、雕刻、音樂、舞蹈等藝術，甚至是大自然及季節景象。又或透過非凡食材以其原始而美麗的風貌表現出來。莫里斯飯店（l'hôtel Meurice）的甜點主廚塞德力克‧果雷（Cédric Grolet）創作出的擬真水果甜點就是實例。從大小、形狀、顏色上的創作演繹，或許就是創新甜點很好的出發點。當甜點視覺是如此維妙維肖時，味道得要有

讓人可聯想的一致性，避免造成消費者的困惑。這不單是對甜點師的一大挑戰，對團隊（生產、販賣、行銷等）亦是如此。因為無論是什樣的靈感引導甜點師在腦海的「空白頁」上創作，成功的要素之一還是要歸功於工作團隊。當然甜點主廚是定調的靈魂人物，畢竟攸關他的名聲，但要是沒有可靠和投入百分之一千團隊的同心協力，也是行不通的。經由反覆試作、討論及團隊工作，將主廚的最初想法調整到適合生產（例如商品能量化生產）、銷售（能在陳列展示櫃裡維持最佳狀態）、或運送（到消費者手上依然是完好狀態）上的限制，就能克服挑戰。然而這些限制，也會因為是分屬甜點店的外帶甜點，或是餐廳裡點用的甜點而有所不同。實際上，餐廳甜點算是較能及時食用，生產上較不受限制，甚至可以調整熱或冷等不同面向來設計甜點。反之，若是想要用來分享、營造歡樂或聚會氣氛的話，那麼甜點店櫥窗內陳列的甜點會較為合適。

食用時機有其特殊性，也會影響甜點成品的最終創作。因此，無論是工藝師還是藝術師，甜點師都扮演「感覺傳遞者」的忠實角色。您在品嘗時的種種感受，都是甜點師以他所能操控的感官工具作用帶來的結果。他們同時也是「食材探索者」的教育性角色，因為甜點創作從開始就得選擇所需的食材，這也是種飲食教育。若說要傳遞訊息的話，還有什麼方式會比操控影響我們的情感還來的更有效呢？

品嘗甜點的參考

基於對品嘗相關的物理及感官機制的了解，我想藉由本書幫助您表達自身的感受，以及作為品嘗蛋糕或甜點時的引導。更確切的說，我希望用我的經驗，協助您建立一套有系統的工具，讓您能夠更有效地傾聽您的感官，甚至能夠了解甜點師的創作理念與用心。在接下來的章節中，透過系統化的說明，希望能讓您更了解且能分析感受情感來源，並藉由品嘗甜點的相關方法，辨識哪些是您會在甜點裡找到的，哪些會讓您驚喜且開啟甜點新視野的，喜愛或不喜愛的香氣及味道。同時我們也會一步步的探索甜點師創作裡的奧祕，探究每款甜點背後，由團隊製作、呈現，隱藏著團隊的工作熱情與精神勞力，以及想傳達給您的故事與情感。如同讀者在尋找並欣賞詩歌作品中優美的修辭手法般，讓我們一起發掘甜點作品吧！

我建議您循由五種感官的結構組成漸近地學習，並建立品甜點的參考資料庫。如果您想發揮身為優秀「甜點品味師」所具備的才能，在書中的最後有一張空白的品嘗表可運用。在整個章節中，也將為您剖析二十款最具代表意義的甜點，並且將重點著墨在，就我看來每道甜點所蘊藏的要義。無庸置疑，五種感官各司其職，蛋糕肯定是美味可口的，但總會有一種感覺格外出眾，倘若沒能從中獲得絕對的刺激，那麼品嘗體驗可能會讓人感到失望，但那未必是味道上的失望！

在書中每道甜點，都會探討其歷史、結構、推薦與值得品嘗的要項，並為您提供甜點感知品味描述表，之後再提供甜點製作配方。畢竟，沒有什麼比親自動手來了解甜點味道如何運作更好了，對吧？最後，要是您想一探甜點主廚的作品，也附上我個人私藏愛店的地址。

這種高度結構化的品嘗方法，主要是讓您意識到所有感官的重要性，即便是不太明顯的感官，例如聽覺，都有密不可分的關聯。再者，它還可以讓您就像跟著甜點主廚的創作腳步般，又或在感受中獲得啟發。最後要提醒您的是，細細感受當下並了解自身的感受，才是最重要的。儘管有點老掉牙，但還是要提供給您思考；盡情地愉悅享受，探尋箇中的樂趣！準備好要潛進甜點品味學的世界了嗎？

la vue
視覺

甜點中
視覺的重要性

人們總說食物的品嘗是從視覺開始的。
「甜點品味學」的步驟也不例外！

整體外觀

從所有面向的整體外觀開始：

- 觀察餐廳甜點的擺盤及甜點店櫥窗裡不同元素的布局及呈現。
- 呈現出的是否整潔乃至優雅？
- 看起來是否美味可口？
- 視覺與產品陳述是否一致？
- 具有指標性的經典之作？
- 或者只是重新詮釋？

主廚想要透過視覺來表現什麼？試著一點點地探進主廚創作理念的謎團吧！

- 視覺表現中是否有創新的意圖，使用不太常見的形式或新穎的布局？
- 他想訴說自己的童年或家鄉嗎？
- 他想脫穎而出並創造自己的風格嗎？

————————

這些最初的觀察要素，將引導您進入接下來的品嘗，並藉由內心的探索，讓您在此儀式中進入品味氛圍。

大小與比例

從大小和組成間的比例開始：

- 它們具平衡感嗎？
  - 蛋糕體與奶醬的比例？
  - 塔皮與水果或餡料的比例？
  - 蛋糕整體的大小比例？
  - 一口咬下的整體感？只需輕輕一揮甜點叉，就能得到所有組成成分嗎？
- 能看見所有組成成分嗎？
- 在大小方面，麵團是否如預期均勻膨脹？
- 在組裝上是否穩固？或是看起來隨時會坍塌？

————————

為了具體說明以上的論點，現在就來研究第一道甜點吧。這可是精挑細選無可取代的巴黎經典：聖多諾黑！

聖多諾黑

(le saint-honoré)

聖多諾黑就如同許多經典的甜點一樣,誕生於十九世紀中葉。但它的起源則眾說紛紜。

歷史

第一個版本的說法是由位在巴黎聖多諾黑路上的希布斯特(Chiboust)甜點店所創。最初甜點師是採用布里歐和甜點師奶醬為基礎製作,並以甜點店所在的街區來命名,這個名字同時也與守護甜點師與麵包師的聖者之名有關。

在此之後,甜點師奧古斯特・朱利安(Auguste Jullien)重返希布斯特,將基底的布里歐改用法式酥塔皮(pâte brisée)取代,並在周圍使用8顆填入甜點師奶醬的泡芙裝飾成圈。中央部分的醬也換成了希布斯特奶醬(甜點店前老闆發明的配方,以甜點師奶醬混合蛋白霜而成)及鮮奶油。演變至今底座多為法式酥皮(pâte feuilletée)。

簡介

聖多諾黑堪稱是法式甜點經典中的經典。既是象徵,但同時也很具體,它在某程度上就是這行業的標章。有人說它過時了,但只要還不斷地被演繹詮釋,就是雋永不墜的甜點。經典的風範地位也為它帶來了極大限制:先不談還得用泡芙這件事,必須精緻華麗像結婚典禮的大型蛋糕般,要夠美、要令人驚艷!它的組成對甜點師來說算是基本的:法式酥皮、填有希布斯特奶醬,還有以焦糖為黏著,沾裹焦糖為亮面的泡芙、中間則是希布斯特奶醬與香草鮮奶油,這是工藝師才能成就出的經典美味。華麗的擠花方式構成了聖多諾黑的獨特元素;就因為獨特,帶有裂口的擠花嘴也以此命名。它展現出的是眾所皆

知的視覺印象。

　好壞的差異端看在視覺上能下多少苦功了：優美俐落的線條感，裝飾細節要乾淨且有令人驚艷的視覺效果！這也是為什麼有這麼多的當代甜點師一再重新詮釋這道甜點：藉由變化裝飾、形狀、大小來創作。透過經典的基本元素重新變化，最後呈現獨特風貌，像是巨大的聖多諾黑、方型的聖多諾黑，或是擠花裝飾在同側的聖多諾黑。在後面提供的製作配方中，建議您保留聖多諾黑溫和且圓潤的經典元素，但在酥皮的烘烤過程，以及泡芙和奶醬的裝飾上展現原創性。

五感饗宴

　可以是傳到鼻子裡法式酥皮的奶油香氣、奶醬的香草味、焦糖的風味，在圓潤口感和本體間達到完美平衡。而品嘗時機更是至關重要，在新鮮狀態下才能完美呈現。在甜點櫃裡擺放太久的聖多諾黑會隨著時間變得不夠酥脆，這是相當重要的元素。然後嘗試一口放進嘴裡，感知隨著咀嚼擴散出的所有成分，不同奶醬彼此間豐富風味的融合，以及酥皮、焦糖和奶醬口感之間的對比。細細體會這些對蛋糕平衡具決定性因素的成分比例。在某些情況下，可以添加水果等其他成分，透過酸度和新鮮度來營造對比的效果。後面提供的配方就是基於這樣的概念。

品嘗時機

　在之前提到，聖多諾黑是法式甜點的業界象徵。想當然，品嘗它的適宜時機就是相應它聲望的盛重場合。我認為，它是道特別適合喜慶盛宴的壓軸甜點，像是在慶生宴會作為最後登場的祝福甜點。即便是最後一道餐點，聖多諾黑仍然保有充滿空氣的酥皮、小泡芙及口感輕盈鮮奶油。我們可以毫無罪惡感地享用！

不可錯過的聖多諾黑

**百分之百巴黎精選，
向首都的同名街道致敬。**

*La Pâtisserie du Meurice,
par Cédric Grolet :*

以華麗藝術規格製作的聖多諾黑，有單人尺寸也可客製大型尺寸。最新創作是以布里歐為底，就像聖多諾黑最初的原型一樣，但另外搭配派皮，倍顯美味。

228, rue de Rivoli・75001 Paris

*Des gâteaux et du pain,
par Claire Damon :*

可以嘗到以巧克力口味重新詮釋的聖多諾黑，那是添加可可粉製作的塔皮，表面的泡芙填入含70%巧克力的奶醬，搭配巧克力鮮奶油裝飾而成。

89, rue du Bac・75007 Paris
63, boulevard Pasteur・75015 Paris

＊全書皆為 2021 年店家資訊。

聖多諾黑

感知品味描述

視覺

整體外觀

展示
(擺盤或甜點櫃)
優雅
重新詮釋

創作
形狀／擺飾的創新
聖多諾黑的特色擠
花，以及在擠花邊
緣鑲嵌上柑橘果肉
片成為亮點

顏色

色調
淡白及金黃色調
用來和打發香草甘
納許作對比的焦糖
及柑橘類水果點綴
沒有調色劑
令人意外的柑橘與
栗子塊的點綴

季節性
依循季節性

烘焙程度
完全烤透，表面焦
糖化

大小與比例

平衡
在蛋糕整體和一份
切片裡，派皮與奶
醬達到完美的口感
平衡

組裝
穩固

烘焙膨脹
法式酥皮的良好膨
脹

可見度
只有某些成分（在
泡芙裡含有桔橙果
肉片，以及蜂蜜口
味的甜點師奶醬）

光澤

表面
泡芙帶光澤
霧面奶醬

亮面
在泡芙表面剛剛好
的薄焦糖

表面結構

表面的口感作用物
小塊栗子
柑橘類果皮

裝飾
形狀一致性

notes

....

....

....

....

....

....

切片

整體性
呈現整體蛋糕的經
典特色
在一塊切片中完全
呈現所有成分

驚喜
隱藏成分：泡芙裡
的柑橘

* 可以在此寫下你的感觸。

嗅覺

氣味

準備及烘烤時的氣味
原料（奶油、鮮奶油、焦糖、香草）的氣味
焙烤味
香料味

成品

最初接觸
圓潤且帶甜味

辨識主導味
焦糖和香草

分析
水果（柑橘）味
原料的氣味（蜂蜜）

續味
柑橘和蜂蜜

聽覺

切下時

發出的聲音
酥皮發出的酥脆聲
奶醬的磨擦聲

品嘗時

發出的聲音
焦糖化泡芙的硬脆聲響

觸覺

質地

固體部分
酥皮的酥脆
焦糖化泡芙的鬆脆

對比
奶醬類的滑順和柑橘的新鮮感之間

融化部分
滑順（打發甘納許）
柔軟（甜點師奶醬）

享用時機
不須立即享用

終味
和諧

味覺

最初印象
主導風味：甜
簡單且馬上就能感受到的味道
口中的豐富感
圓潤

第二印象
五感的一致性
感知到的新成分：甜點師奶醬裡的蜂蜜

分析

感知到的風味
焙烤風味（焦糖）
香料味（香草）
原料風味（奶油和蜂蜜）
水果風味（柑橘）

notes

聖多諾黑
栗樹蜂蜜、糖漬栗子及桔橙

打發香草甘納許

總重 495 克
（每份約 100 克）
白巧克力 90 克
吉利丁 1.5 片
鮮奶油（乳脂肪含
量 35%）400 克
100% 香草粉 1 克

　　將吉利丁先放入冰水中浸泡。將200克的鮮奶油與香草粉倒入鍋中加熱煮至沸騰。瀝乾吉利丁，將其放入熱鮮奶油鍋中混拌溶解。將熱鮮奶油倒入裝有白巧克力的鋼盆裡攪拌均勻，接著加入剩餘的200克冷鮮奶油，一邊加入，一邊持續用打蛋器攪拌。倒入另一鋼盆，用保鮮膜貼著甘納許接觸覆膜，放入冰箱冷藏備用。

反折酥皮

總重 510 克的麵團
（每份約 150 克）
奶油 160 克
T55 麵粉 70 ＋160 克
水 70 克
奶油 45 克
鹽 4 克
白醋 1 克

奶油團

　　在攪拌機中使用攪拌鉤，以低速混合160克的奶油及70克的T55麵粉。混合均勻後，將奶油團移置烘焙紙上。將烘焙紙先對折，再調整烘焙紙到可將奶油團包覆起來，用擀麵棍延展成1至1.5公分厚的長方形。包覆好，放入冰箱，使其成偏硬狀態。

麵團

　　將所有其他材料倒入攪拌缸裡。用攪拌鉤以低速拌勻。拌勻後，將麵團移置工作檯上，整型成圓團。用刀在麵團上深切一個十字，使其可拉開攤平成方形。用擀麵棍將麵團延展成與奶油團一樣的長方形大小。包覆好，放入冰箱鬆弛一小時。

折疊

　　在操作前二十分鐘，從冰箱拿出方形的奶油團和麵團使其回溫（若太硬則無法進行手擀的操作）。將奶油團擀成麵團的三倍大小。在奶油團的中間放上麵團，往內折將麵團包起來。將此酥皮麵團擀開成長

形，折成三折。把折邊切開，放冰箱鬆弛三十分鐘。重複三次擀折步驟。若是業界人士的操作折數，可以進行一次單折（tour simple），兩次雙折（tours doubles），最後再做一次單折。

裁切

在擀麵三十分鐘前取出酥皮。將酥皮擀成厚1.5公分，寬約38公分。在烤盤上鋪一層烘焙紙後，再放上酥皮。調整麵皮滾輪刀距至36公分，切割酥皮，接著整型將酥皮捲成蝸牛狀。捲起的第一圈必須夠緊，其後的圈數彼此間隔2公分，使其不相碰觸。以170°C烘烤約四十分鐘。當酥皮烤至均勻上色，出爐，撒上香草焦糖細粉（參見下方）再放回烤箱，以170°C烘烤約三至四分鐘，使香草焦糖細粉徹底融化。取出，放至完全冷卻。

香草焦糖細粉

白砂糖 400 克
100% 香草粉 1.5 克

以砂糖製作乾式焦糖（caramel à sec）。將焦糖倒入矽膠墊或烘焙紙上，靜置使其完全冷卻。焦糖放涼後，敲碎成塊狀，使用破壁機，攪碎成細粉。再與香草粉混合。

香草及栗樹蜂蜜甜點師奶醬

總重 500 克
（一份約 100 克）
全脂牛奶 3.2 公升
100% 香草粉 1 克
栗樹蜂蜜 65 克
蛋黃 60 克
玉米澱粉 20 克
T55 麵粉 10 克
奶油 25 克

將牛奶與香草粉倒入鍋中，加熱至沸騰。將蜂蜜加到蛋黃中，攪拌至發白，再加入麵粉與玉米澱粉拌勻。將少量的熱牛奶倒入蛋黃糊中攪拌均勻後，再重新倒回熱牛奶鍋中。以中火一邊加熱，一邊攪拌直至沸騰，再充分攪拌二至三分鐘直到變得濃稠。離火，加入奶油拌勻，然後倒至另一鋼盆中。接觸覆膜，放入冰箱冷藏保存。

泡芙麵糊

烤箱預熱至220°C。在鍋中放入水、牛奶、奶油、鹽和糖煮至沸騰。將麵粉加入鍋中，用刮勺攪拌。當攪拌混合成均勻的麵糊後，以小火

總重 600 克
（大於所需）
T55 麵粉 110 克
細鹽 4 克
奶油 90 克
白砂糖 4 克
全蛋 160 ＋ 20 克
水 200 克
全脂牛奶 20 克

加熱，同時持續進行攪拌約兩分鐘。將煮好的麵糊倒入攪拌缸，以低速1進行攪拌，持續收乾麵糊。慢慢加入蛋液，使麵糊完全吸收變得光滑。若需要調整質地，可斟酌多加20克蛋液（舀起麵糊查看時，要呈現鳥嘴狀）。將麵糊填進裝有10號擠花嘴的擠花袋中。在鋪好烘焙紙的烤盤上，擠出直徑4公分的圓形。用刷子，輕輕地在表面薄刷上融化奶油。放入烤箱，接著馬上關電源。當泡芙開始上色的時候（約三十分鐘），將設定溫度調至165℃續烤（約十分鐘）。取出泡芙放涼。用剪刀在泡芙底部戳出孔洞。

亮面糖漿

總重 380 克
水 90 克
白砂糖 240 克
葡萄糖 50 克

在鍋中放入所有材料，煮至170℃，金黃色焦糖的狀態。轉中火續煮，以限制在接下來步驟的焦糖化。離火，將鍋子底部浸在冷水中，防止因溫度持續而焦糖化。用手指抓住泡芙戳洞的底端，在確保不會被焦糖燙到的狀態下，將泡芙表面沾裹上焦糖亮面。可能的話，將沾好焦糖的泡芙放入直徑4公分的球面矽膠膜。若是沒有矽膠膜的話，可讓多餘的焦糖滴落後，再將泡芙表面朝上排放在烤盤裡。保存鍋裡剩下的焦糖，在組裝聖多諾黑時會用到。

裝飾
糖漬栗子 5 克
兩顆桔橙的果肉切片及果皮
蜂蜜 5 克

組裝

將烤好呈螺旋狀焦糖化的法式酥皮，放到甜點盤中。切取桔橙的果肉切片，在每顆泡芙中放入半片。最後用擠花袋將栗樹蜂蜜甜點師奶醬填滿泡芙。用極小微火加熱溶化焦糖，將泡芙沾上焦糖，如圖片所示，黏貼酥皮上。也可以發揮創造力，依喜好創造出動感及不同尺寸。在攪拌機中裝上打蛋球，打發香草甘納許，當攪拌到質地滑順且呈輕微霧面，並有明顯紋路時就停止。將打發香草甘納許裝入套有聖多諾黑擠花嘴的擠花袋中，在泡芙間擠花，如圖片所示。平均地放上糖漬栗子塊，在表面刨入少許桔橙果皮屑點綴。

接著要進入甜點中另一個重要的視覺元素：
顏色！

顏色

我們很幸運地能夠辨識許多的顏色（對大部分人來說，除了色盲外）。這是視覺的重要基本元素，它能為我們提供關於眼前甜點的許多訊息。

讓我們來進行顏色的觀察吧：

· 是鮮艷還是平淡？
· 要是很鮮艷的話，這是道含有調色劑的甜點嗎？
· 相反地，要是顏色很平淡的話，是烘焙不足，或是使用不夠成熟或非當季的水果？
· 是經典色彩還是令人意想不到的顏色？
· 是否與季節性相稱？
· 烘焙程度如何？

總而言之，最重要的是這些顏色會不會讓您有好想一口咬下的衝動呢？為了說明這一點的重要性，我決定專注於一種甜點，這款甜點展現了顏色變化的多樣性，就是馬卡龍。

馬卡龍

(le macaron)

法國每個地區，皆有萬千風貌、不同特色的馬卡龍：新阿基坦地區（Nouvelle-Aquitaine）的聖強德路茲（Saint-Jean-de-Luz），洛林地區（Lorraine）的布蕾（Boulay），中心地區（le Centre）的科爾梅里（Cormery）……

歷史

馬卡龍的原型來自於義大利！據說是十六世紀法國皇后瑪莉‧德‧梅迪奇（Marie de Médicis）引進法國，這種以杏仁為基礎的小甜餅隨後以各種形式流傳開來：可以是圓形或扁平的，帶有一或兩片殼的，裝飾或不裝飾的。現在大家熟知的馬卡龍，是在十九世紀由巴黎老字號甜點店的創始者路易－恩聶斯特‧拉杜蕾（Louis-Ernest Ladurée）的孫子，想到將兩片馬卡龍殼夾入甘納許或果醬發展而來。拉杜蕾藉由多樣的顏色與口味，讓馬卡龍聲名大噪。爾後皮耶‧艾曼（Pierre Hermé）甜點大師讓馬卡龍風靡世界，他以獨到的原創性，營造出精緻奢華感，像是伊斯法罕（Ispahan）馬卡龍，或聖誕節的鵝肝馬卡龍。馬卡龍儼然成為高貴法式時尚的代名詞，自二〇〇五年以來，更訂定三月二十日為世界馬卡龍日。

簡介

在專屬馬卡龍的這章裡，我想要鎖定巴黎風馬卡龍，那是讓全世界旅客無不為之傾倒，一定要吃的夢幻甜點，更常成為旅程外帶的伴手禮。馬卡龍是色彩最繽紛的甜點，雖然有點可惜的，並不總是自然的顏色。馬卡龍的特點是外殼精巧，通常直徑不超過4公分，在最常見的版本中，隱藏了許多關鍵細節：兩片大小一致、質地光滑細緻並泛著細膩光澤的外殼，外殼下緣圍著一圈美麗的裙擺花邊，這是「馬卡龍混合（macaronnage）」操作階段的完美驗證，意指將蛋白霜與等量的糖粉和杏仁粉壓拌混合的過程。

對於剛進到馬卡龍「專業級」製作的生手來說，烘焙過程中溢出形成的美麗裙擺常令人覺得神奇，看似簡單，失敗率卻很高，而那正是業餘甜點師追求的高超境界啊。接著就是為這精緻的蛋白霜外殼更添

價值感的口味變化，在中間夾入甘納許、奶霜或糖漬水果等內餡。許多甜點師還會在分量適切的基礎上，透過不同成分的色彩對比或協調發揮創意。最後輕咬一口，看到殼與內餡上的咬痕多令人開心啊！我們將發現馬卡龍內部的驚喜，不同的成分是如何互相連結融為一體，帶來更多感官的樂趣。

五感饗宴

馬卡龍繽紛精巧的外型相當誘人，在甜點櫃或是自助下午茶頻頻向我們招手。在送入口之際，讓人立即感受到的是觸覺，然後經由耳朵聽到的悅耳聲音，從而感知隨後到來的鬆脆感。的確，馬卡龍的口感組合是種完美的體驗，在蛋白霜外殼的細脆與內餡的滑順之間，甘納許滑順和濃郁，糖漬水果則偏清淡和爽口。我們還可以透過馬卡龍殼裡層鬆軟與內餡接觸時會略微浸濕的這一點，來識別是否為成功的馬卡龍。好的馬卡龍入口瞬間，外殼與內餡的口感與風味會交融為一體。先是香氣，然後在巧克力或水果味的內餡味道出現前，會是濃郁突出的杏仁味道。而某些甜點主廚的招牌馬卡龍，會帶有鮮明的味道特色，像是之前提到的大師皮耶·艾曼的莫加多爾（Mogador）（牛奶巧克力一百香果）與伊斯法罕即是實例。以下配方中，則用幾種不同口味的馬卡龍來強調顏色。

品嘗時機

巴黎風馬卡龍的經典尺寸很精巧，對愛吃鬼來說毫無罪惡感，而且就像盎格魯－撒克遜人（Anglo-Saxons）說的，它是一種可邊走邊吃的點心。不妨一次嘗試兩到三種不同口味，會有不同的美好發現。但為了不破壞它微妙的味道，千萬別在用餐結束後、或以點café gourmand（精選甜點組合）的方式享用，它值得配角以外的地位！精品象徵的馬卡龍不僅在大型活動或公開場合占有一席之地，更以裝置蛋糕的食尚藝術形式出現。

不可過錯的馬卡龍

當然，所有皮耶·艾曼的甜點店都是，因為他就是公認的馬卡龍祖師爺。

Le Jardin Sucré,
parlechampiondeFrancedemacarons：
156, rue de Courcelles・75017 Paris 及
10, place Paul-Grimault・78720 Cernay-la-Ville

不同地區的馬卡龍：
La Maison des Soeurs Macarons：
21, rue Gambetta・54000 Nancy

Maison Adam：
27, place Georges-Clemenceau・64200 Biarritz

馬卡龍

感知品味描述

視覺

整體外觀

展示（擺盤或甜點櫃）
優雅

大小與比例

平衡
蛋糕體／內餡的比
例

烘焙膨脹
膨脹良好
漂亮的裙擺

組裝
穩固

可見度
所有成分

切片

整體性
呈現整體蛋糕的經典特色

顏色

色調
自然調色劑的存在
（薑黃、可可、香
草、紅色素）

季節性
成熟水果

光澤

表面
光滑

表面結構

表面的口感作用物
在可可殼上的可可
碎粒（Grué）
香草粉

裝飾
口味的提示

notes

嗅覺

氣味

準備及烘烤時的氣味
原料的氣味（糖、杏仁）

成品

最初接觸
鮮明且帶甜的氣味

分析
原料的氣味（糖、杏仁）
果香味（覆盆子、檸檬）
焙烤味（可可）

香料味（香草）

辨識主導味
巧克力、香草、檸檬、覆盆子

續味
杏仁

味覺

最初印象
主導風味：甜味

第二印象
五感的一致性

對比
內餡與外殼之間

分析

感知到的風味
水果風味（檸檬、覆盆子）
原料風味（杏仁和糖）
香料味（香草）
焙烤風味（巧克力）

聽覺

切下時

發出的聲音
硬脆（外殼）
磨擦聲

品嘗時

發出的聲音
酥脆

觸覺

質地

固體部分
硬脆（外殼）
易碎

融化部分
滑順（甘納許）
柔軟（水果）

對比
口感結合

享用時機
不須立即享用

終味
口感結合

notes

馬卡龍

傳統配方

基本

巧克力馬卡龍：1 公斤
杏仁粉 155 克
糖粉 325 克
可可粉 20 克
蛋白 90 + 90 克
水 75 克
白砂糖 250 克

檸檬馬卡龍：1 公斤
杏仁粉 175 克
糖粉 325 克
蛋白 90 + 90 克
水 75 克
白砂糖 250 克
薑黃 3 克

香草馬卡龍：1 公斤
杏仁粉 270 克
糖粉 260 克
蛋白 80 + 90 克
香草籽 3 克
水 55 克
白砂糖 240 克

覆盆子馬卡龍：1 公斤
杏仁粉 175 克
糖粉 325 克
蛋白 90 + 90 克
紅色色素 2 克
水 75 克
白砂糖 250 克

　　混合杏仁粉、糖粉及色素（或是用可可粉在巧克力馬卡龍，或薑黃在檸檬馬卡龍）。並在攪拌缸中，使用攪拌葉與第一部分的蛋白混合。在另一攪拌缸中，打發剩餘的蛋白至形成彎鉤狀。在此期間的同時，取糖與水加熱做成糖漿。當糖漿溫度達114°C時，將打發蛋白的攪拌缸提高轉速。當糖漿溫度達117°C時，離火讓糖漿消泡幾秒，接著倒入打發蛋白中，並同時持續中速攪拌，直到呈微溫。將三分之一的蛋白霜先與混合蛋白的粉類，用攪拌葉攪拌混合，接著再使用刮板，分兩次加入剩餘的蛋白霜。使用馬卡龍壓拌混合（Macaronner）的手法，適度壓破氣泡，從底部摩擦混合蛋白霜與粉類，直到舀起麵糊時會呈緞帶般垂落的軟硬度。使用裝有直徑10公釐圓形花嘴的擠花袋，在鋪有烘焙紙的烤盤上，擠出圓形麵糊。若製作的是巧克力馬卡龍，可以在表面撒上少量的可可碎粒。擠完麵糊後放置乾燥，待表面結皮。預熱烤箱至150°C，以140°C烤五分鐘後，將烤盤調換前後位置續烤五分鐘。取出放涼乾燥五分鐘。使用接下來準備的內餡，以裝有直徑12公釐圓形花嘴的擠花袋，填入一半分量的馬卡龍。若是製作檸檬馬卡龍，用檸檬奶霜（crémeux citron）填餡，並在中間加點兩種糖漬檸檬。再疊上另一片馬卡龍。將馬卡龍冷凍起來，食用前一晚先放至冷藏室解凍，可以得到更好的口感。若製作的是覆盆子馬卡龍，可將覆盆子切圓片放在上面。

內餡

覆盆子凍（Gelée frambois）：總重250克。新鮮覆盆子190克／白砂糖70克／澱粉30克。將覆盆子煮至化開，加入澱粉及糖。加熱至沸騰，持續兩分鐘後，放涼備用。

巴西奶霜（Crémeux Brésil）：總重500克。全脂牛奶155克／鮮奶油（乳脂肪含量35%）155克／蛋黃30克／白砂糖30克／黑巧克力（原產巴西可可含量66.8%）130克。與黑森林相同的製作過程（見第166頁）

檸檬凝乳：總重600克。見蛋白霜檸檬塔（見第150頁）

兩種糖漬檸檬：總重200克。見栗子柑橘塔（見第176頁）

香草濃滑奶醬（Namelaka）：總重500克。全脂牛奶115克／香草粉2克／葡萄糖漿5克／吉利丁2.5片／調溫白巧克力150克／鮮奶油（乳脂肪含量35%）225克。將吉利丁放入冰水中浸泡。將牛奶、香草粉及葡萄糖漿放入鍋中加熱煮沸，再加入吉利丁混拌溶解。分成三次倒入白巧克力中溶解均勻，製作成甘納許。一邊加入冷鮮奶油，一邊攪拌。倒至另一容器中接觸覆膜，放入冰箱冷藏十二小時備用。

光澤會為我們提供重要訊息，
特別是有關水果的新鮮度。

光澤、表面結構及裝飾

光澤可能來自添加的中性果膠或糖漿，最初的目的是為了保存水果甜點，但不幸的是裡頭也隱藏了糖分。透過光澤感，可以判斷甜點的亮面是否成功，甚至達到鏡面的效果。在營造視覺的同時，我們更該思考的是亮面恰到好處的厚度，否則一旦過量也會破壞甜點口感的平衡。

透過烘焙前於表面塗刷蛋液，能為酥皮、維也納麵包、布里歐甚至泡芙帶來光澤及美味度。因為可以確定的是，這種光澤在光線相互作用下，會凸顯視覺效果讓甜點看起來更加美味，不過要小心，別因過度而變得太閃亮了！隨著觀察到的細節愈來愈多，以及表面結構為我們帶來了有關口感的訊息，再經由之後的觸覺，將帶來更多與味覺相關的線索。

我們因而尋找像是脆皮、脆酥、牛軋糖或焦糖果乾，諸如此類會增加酥脆感的存在。甚至還有可以帶來柔軟感的絨面裝飾。

———————

最後，觀察一下甜點上的裝飾：它們的存在是否增加了美感，同時不造成品嘗上的問題？一起來發掘這道用了上述手法的極致甜點吧：修女泡芙。

36

修女泡芙

(la religieuse)

據說是一名出身拿坡里的甜點師弗拉斯卡蒂（Frascati），在一八五六年於巴黎創作出來的，當時的修女泡芙是在塔上擠入甜點師奶醬和打發的鮮奶油。

歷史

二十世紀初，修女泡芙的經典形式問市：它是由兩顆一大一小的泡芙堆疊而成，香酥的外殼裡填進的是巧克力或咖啡口味的甜點師奶醬，表面披覆亮面做頭部裝飾，並以法式奶油霜（crème au beurre）擠圈做衣領處的裝飾。修女泡芙如其名，是因為樣貌顏色就像穿著修道服的修女而得名。主要為單人份食用，但在過去是以大型尺寸的半裝置蛋糕性質存在，現今巴黎的史多荷（Stohrer）甜點店仍持續製作。

簡介

隨著時間的演進，加上不太好享用的關係，修女泡芙已經被它的「堂兄」閃電泡芙凌駕取代，就如它名字的語意般，棒狀的外形吃起來非常方便，就像電光火石般瞬間就能吃掉，簡單又容易享用。但還是必須承認，修女泡芙還是較具壓倒性的優勢！修女泡芙知道如何展現迷人的姿態勾起我們的慾望。一種分量感十足的甜點，飽滿膨起的金黃泡芙，在甜點店裡就是閃耀動人的存在。修女泡芙的口味與裝飾上充滿變化與色彩，甜點師可藉由裝飾來表達風格創意，像是將上頭的傳統翻糖換成巧克力亮面，或是調整原有口味，做調味的脆皮；又或將奶油霜擠出的火焰造型，換成果乾或巧克力等裝飾。實際上，這些裝飾，也是提供消費者在選購前，對產品口味價值的指標認識。在之後提供的開心果－百香果修女泡芙的配方中，重點就放在單純食材的裝飾上。就像穿著華麗舞衣

的小芭蕾舞演員一樣，修女泡芙用焦糖糖衣、烤過的整顆開心果，及開心果粉來裝飾。傳達的訊息清楚：最重要的是產品本身還有量的滿足度，再加上光澤與霧面的對比，讓人迫不及待想一口咬下。

修女泡芙在切下時也是充滿驚喜的，有點像在玩俄羅斯娃娃的感覺：小顆泡芙疊放在大顆泡芙的上頭。甚至也有創意的甜點師，把小泡芙放在大泡芙裡作多層創意，直到切開後才能揭開它裡頭藏了什麼樣的驚喜。

五感饗宴

修女泡芙不是會散發強烈氣味的甜點，即使它經常帶有與泡芙相關的甜點味道。它是帶點俏皮可愛的甜點，小嘗一口頂層的小泡芙，就像在試小樣品一樣，就能得知整體風味。此外，怎麼吃也有兩派的主張：一派主張直接大口咬下泡芙，另一派主張要有條不紊地將整顆修女泡芙剖開，看到填入的內餡。然而不論哪種情況，烤焙充足的酥脆泡芙，與濃稠滑順的內餡間形成的口感對比非常重要，在口中融化的同時又必須保有特性。且應注意裝飾的含糖量，因為它單純的味道會搶走奶醬的香味。值得一提的是，次要風味的重要性有時會超乎我們的想像，例如下面配方中的百香果，透過它的酸度更加凸顯了開心果的甜味。

品嘗時機

礙於製作時間的因素，修女泡芙很少出現在甜點櫃上，反而被組合成分幾乎相同的閃電泡芙所取代了，因為比起修女泡芙，閃電泡芙的製作相對要迅速容易。真的好可惜啊！想想放學後買個漂亮的修女泡芙當午茶點心，返家的路上淘氣地從上而下一路品嘗到底，最後貪婪地一口吃盡，那撫慰靈魂的滋味，實在讓人開心！是時候讓修女泡芙重拾榮光的地位了。

不可錯過的修女泡芙

Pâtisserie Stohrer :

可訂購大型的傳統版修女泡芙。

51, rue Montorgueil · 75002 Paris.

Christophe Michalak :

讓修女泡芙重返舞臺的推手之一，特別是他的焦糖口味版。

16, rue de la Verrerie · 75004 Paris

La Grande Épicerie de Paris :

可以吃到隱藏驚喜的泡芙。

38, rue de Sèvres · 75007 Paris

修女泡芙

感知品味描述

視覺

整體外觀

展示
（擺盤或甜點櫃）
優雅
可口

創作
以裝飾為主的創新

大小與比例

平衡
切下時蛋糕體／
奶醬的比例

烘焙膨脹
泡芙麵糊的良好
膨脹

組裝
穩固

可見度
只有某些成分

顏色

色調
鮮艷－金黃及綠

烘焙程度
烤透，金黃

光澤

表面
與裝飾對比

亮面
薄且均一的亮面

表面結構

表面的口感作用物
開心果粉、焙烤過
的開心果

裝飾
甜點口味的提示

切片

整體性
呈現整體蛋糕的經
典特色

驚喜
隱藏成分：百香果
內餡

notes

....
....
....
....
....
....
....
....
....
....
....
....
....

嗅覺

氣味

準備及烘烤時的氣味
原料的氣味（牛奶、蛋、奶油）
焙烤味（開心果、焦糖）
水果味（百香果）

成品

最初接觸
圓潤且帶甜氣味

辨識主導味
明顯的百香果

分析
原料的氣味（牛奶、蛋、奶油）
焙烤味（開心果）
水果味（切開時的百香果）

聽覺

切下時

發出的聲音
亮面及開心果發出的硬脆聲
奶醬的磨擦聲

品嘗時

發出的聲音
亮面及開心果發出的硬脆聲
奶醬的磨擦聲

觸覺

質地

固體部分
外殼泡芙的硬脆
開心果粉的顆粒感

融化部分
滑順的奶醬
百香果內餡

對比
裝飾及奶醬之間

享用時機
不須立即享用

終味
整體內餡的和諧

味覺

最初印象
主導風味：不太甜
味道複雜度：介於開心果的甜和不致搶味的百香果的酸之間
口感新鮮

但同時保有圓潤
最後出現少許鹽味

第二印象
五感的一致性
感知到的新成分：
少許鹽味

分析

感知到的風味
水果風味（百香果）
原料風味（奶油、奶醬）
焙烤風味（開心果和焦糖）
新口味（少許鹽）

notes

修女泡芙
開心果及百香果（五顆）

原味脆皮

總重 100 克
奶油 30 克
麵粉 30 克
白砂糖 40 克

　　使用微波爐加熱，使奶油軟化成油膏狀。加入白砂糖，避免過度攪拌發白，接著加入麵粉拌勻。取兩張烘焙紙上下覆蓋住麵團，用擀麵棍擀開成薄片（厚1至1.5公釐）。壓出直徑70公釐的圓形麵皮用於大泡芙，和直徑20公釐的圓形麵皮用於小泡芙。將大小圓形麵皮冷凍定型，烘烤前取出分別放置於大小泡芙麵糊上。

泡芙麵糊

總重 500 克
T55 麵粉 90 克
細鹽 3 克
奶油 75 克
白砂糖 3 克
全蛋（A）135 克
水 165 克
全脂牛奶 15 克
全蛋（B）15 克

　　在鍋中放入水、牛奶、鹽、糖及奶油煮至沸騰。離火，加入麵粉，用刮勺充分拌勻。再次以小火進行加熱，並攪拌麵糊漸漸收乾，持續約兩分鐘至成團並不沾鍋子。（不會沾黏在鍋的邊緣及刮勺上。）將煮好的麵糊倒入攪拌缸，用攪拌葉以低速攪拌，持續收乾麵糊。維持低速，分次加入（A）的全蛋，每一次加入後攪拌均勻再加下一次繼續攪拌。（理想情況下，加入雞蛋時，麵糊的溫度應低於63℃，防止蛋液凝固。）當（A）的全蛋都加入攪拌後，泡芙麵糊質地應該呈鳥嘴狀。若不是的話，可以使用（B）的全蛋觀察狀態來調整質地。完成後將麵糊填入（裝有直徑15公釐圓形擠花嘴）擠花袋，在烤盤鋪放上烘焙紙，擠出泡芙麵糊。（可用少許泡芙麵糊擠在烤盤上，用來黏住固定烘焙紙。）擠出漂亮的泡芙麵糊，大顆的身體每顆約45克重，小顆的頭每顆約10克重。將大小脆皮分別放在大小圓形泡芙麵糊上，或用刷子塗上融化奶油。

烘烤泡芙
・使用傳統非對流烤箱的話，將溫度調到170至175℃，烤至表面呈金黃色。注意絕對不能在烘焙中途打開烤箱，泡芙可能會塌陷。

・使用對流烤箱的話，將烤箱預熱至210℃，將泡芙放入烤箱後關電源。烘烤約三十至三十五分鐘，待泡芙膨脹且開始上色時，可以再開烤箱至175℃讓泡芙繼續上色。

要注意的是，小顆的頭相較起大顆的身體烤焙的時間來得短些。待泡芙放涼後再進行組裝。小祕訣：可以一次大量製作泡芙，烤熟後再裝放入密封盒中冷凍保存。待下次要食用時，再取出以175℃加熱四至五分鐘即可。剩餘的泡芙麵糊也可以用來製作迷你小泡芙。

糖煮百香果

總重 300 克
百香果泥（無糖）
205 克
白砂糖 75 克
玉米澱粉 15 克
NH 果膠粉 5 克

在鍋中倒入百香果泥加熱至40℃。用打蛋器將所有粉類攪拌均勻避免結塊，然後再倒入果泥中。接著一邊用力攪拌，一邊煮至沸騰並持續二至三分鐘，以活化果膠的作用。倒入另一鋼盆中，接觸覆膜，放入冰箱備用。

開心果奶霜

總重 500 克
超高溫瞬間殺菌（UHT）鮮奶油（乳脂肪含量 35%）285 克
葡萄糖漿 20 克
白砂糖 65 克
蛋黃 80 克
吉利丁 2 片
純開心果醬 25 克

將鮮奶油與葡萄糖漿煮至沸騰。將蛋黃與白砂糖打至發白。將以上兩者混合，製作英式蛋奶醬（Crème anglaise）：以小火煮至蛋凝結，約至83℃，可以附著在刮勺上的程度。加入瀝乾的吉利丁混拌溶解。一邊將其倒入開心果醬中，一邊攪拌。然後用手持式調理棒進行攪拌，避免空氣進入並將其乳化。最後倒入盒中，接觸覆膜，放入冰箱備用。

開心果亮面醬

總重 600 克
白砂糖 185 克
葡萄糖漿 60 克
超高溫瞬間殺菌（UHT）鮮奶油（乳脂肪含量 35%）125 克
冷的透明鏡面果膠 40 克
水 55 克
奶粉 40 克
吉利丁 3 片
純開心果醬 55 克

將鮮奶油、葡萄糖漿、透明鏡面果膠放入鍋中，煮至沸騰，接著使其保持溫熱狀態。將吉利丁放入冰水中浸泡。將白砂糖煮至175℃製作焦糖，再將鮮奶油混合物慢慢倒入焦糖中，使焦糖降溫。另將水與奶粉混合後，倒入降溫的焦糖裡。再次煮至沸騰後，加入開心果醬與瀝乾的吉利丁。用手持式調理棒攪拌使其乳化，接著倒入盒中放入冰箱備用。裝飾時，以刮勺攪散亮面（亮面很硬是正常的），可以用微波爐加熱幾秒鐘（依量而定，約十至二十秒），再重新攪拌。最終亮面醬必須帶有滑順的質地。

組裝

裝飾
鹽幾小撮
整粒及壓碎焙烤過
的開心果 50 克
（10克用在修女泡芙）
開心果粉 10 克

將泡芙放到175°C的烤箱，烤四至五分鐘使其回復到酥脆狀態。用尖齒擠花嘴，在泡芙中央底部戳洞。將糖煮百香果裝入無擠花嘴的擠花袋，並填入泡芙內部。注意不要填太多，因為百香果的酸度太高會影響風味，使美味大打折扣。在另一個無擠花嘴的擠花袋中填入開心果奶霜，再填滿泡芙。如之前提到的，將亮面醬調整至可使用的狀態。將填好內餡的泡芙浸到亮面醬中，浸覆到脆皮的部分為止，再稍微提起使多餘的亮面醬滴除；也可以用食指抹掉多餘的亮面醬，並沿著泡芙外圍抹出光滑乾淨的亮面邊緣。在泡芙上撒一小撮鹽之花（fleur de sel）。將頭（小顆泡芙）疊放到身體（大顆泡芙）上。表面由於沾有亮面可幫助黏著，能輕易地銜接在一起。大量使用整顆、壓脆且焙烤過的開心果裝飾。用篩子篩撒上開心果粉作最後裝飾。

如同先前的描述，視覺元素無論是在整道甜點中，或是用於強調特定元素上，它能營造品嘗的場景，也帶給我們解讀甜點的密碼。

視覺的重新詮釋

這也是為什麼許多傳統蛋糕都帶有通用的視覺標記，人們在落下甜點匙前，就已經能識別它們了。所以甜點師也可以透過改變甜點的外觀來稍微擾亂品嘗經驗，引導消費者發現其他的視覺和味覺元素。

我們將以一道最經典及最具象徵性的甜點，來說明這種視覺重現的概念：歌劇院蛋糕。

視覺的驚喜

甜點視覺的最後一個層面也同樣重要：那就是驚喜的效果！有很多方式可以抓住消費大眾的目光，像是用顏色、形狀做出形式與內容的創新，但有什麼能比品嘗時才發現有隱藏元素更合適的呢？又或是與真實組成完全不同的視覺效果，也就是之前提到的擬真甜點，當然還有知名的水果造型甜點，運用原料從零開始製作，幾可亂真，甚至比天然還要真實。或者細節裡含藏的微妙之處，切下後才能讓人見真章的視覺驚喜。半熟蛋糕（gâteaux fondants），與其他熔岩巧克力夾心，就是這類的創新產品，熔岩般的流動內餡（或夾心）是當前甜點師關注效法的焦點，也是社群網路的熱門話題，它們掀起的視覺效果總令人食指大動。

在第54頁的配方中發現最後的視覺泉源：隱藏在漂亮小塔中的流動內餡。

歌劇院蛋糕

(l'opéra)

向歌劇院蛋糕的創始者致敬。最廣為人知的說法是，歌劇院蛋糕是在二十世紀中葉時由達洛優（Dalloyau）坊的主廚西里亞克‧加維隆（Cyriaque Gavillon）所創作，並由他的妻子以加尼葉歌劇院（l'Opéra Garnier）為聯想命名。

歷史

在法國全面復興的同時，這道甜點最終也以方形而不是圓形來演繹，它簡約精緻而不過度裝飾。這道甜點本身就是重新詮釋版了，不是嗎？

在配方製作上，歌劇院蛋糕是由三層塗刷上咖啡糖漿的鳩康地（Joconde）蛋糕、兩層咖啡口味的法式奶油霜、一層巧克力甘納許，以及表面的巧克力亮面組成。精心且前所未有的層次口味組合深受大眾喜愛，成為法國最具代表性的經典甜點。

簡介

歌劇院蛋糕是款極度講求精確性的甜點。每層必須以完美的厚度及平整度疊層做七層組裝。層疊的結構看似簡單，但實際上卻很考驗烘焙者的耐心與技術。每一層蛋糕必須細緻纖薄，厚度均勻，才能堆疊出平整而分明的層次，使整體的味道完美平衡。此外，因為是具時代意義的經典甜點，即使要創新也必須遵循幾個視覺要素：高雅光澤的亮面、用擠花袋寫出「opéra」的字樣，以及綴上金箔的裝飾。而邊緣要乾淨且平整，就像用「直線拉出來」一樣：這是種風格的鍛鍊！

之後所介紹的歌劇院蛋糕配方，在乍看混亂的外表下，有著絕對的視覺要求。這個構想是忠於歌劇院蛋糕的形狀與層次結構，搭配現代感的手法裝飾。

為此，披覆表面的巧克力亮面，將藉由交織分布在香緹圓頂上的巧克力片取

48

代。這由巧克力片組成的挑竹籤遊戲米卡多（mikado），為歌劇院蛋糕帶出嶄新的樣貌，起伏的表面也因飛沙沉積般的可可粉更顯錯落有致。在能找到有層次組織的蛋糕結構裡，展現出的外表是更生動耀眼的視覺外型，好比碧娜・鮑許（Pina Bausch）在古典芭蕾中跳出現代舞展現的驚艷之美，而不是古典天鵝湖！

五感饗宴

在此感官可沒有被遺忘，甚至非常重要。首先，切下時，由於亮面被配方中的巧克力片或棒所取代，因此會先由碰觸到的巧克力片開始裂開，接下來才是浸濕的蛋糕層與奶霜的磨擦聲。夾層介於柔滑與濃稠間的特殊口感，與相間的蛋糕體相互輝映，讓整體和諧且層次豐富。最後在香氣和口味方面，包含了兩個強烈的風味：巧克力與咖啡，兩者相互交融釋放出更強烈的芳香。當然，這主要取決於原料的選擇，例如在濃縮咖啡上，用的是特級（grand cru）咖啡豆而不是一般咖啡萃取液，效果當然也不同。我們也會運用其他元素做重新詮釋，像是使用白巧克力與抹茶的組合，製作口感更柔和的歌劇院蛋糕。

品嘗時機

提到歌劇院蛋糕，第一個想到的不外乎就是巴黎！所以一早十點我們就抵達卡布心大道（boulevard des Capucines）上的和平咖啡館（Café de la Paix）。坐在露台座位，眼前是川流不息的交通與路人熙來攘往的街道風情。面前擺放襯著精美瓷盤的歌劇院蛋糕，與搭配的佛手柑（bergamote）茶；手裡拿著咖啡館提供的報紙，瀏覽當日新聞，當然是老派的那種紙本！因為品嘗這百年歷史的甜點，就像是時光倒流，讓人彷彿置身上世紀，享受生命流動場景的美好時刻。說不定還會瞥見路過正努力練習的小老鼠，誰知道呢？……

最佳歌劇院蛋糕

Maison Dalloyau：
藝術等級的歌劇院蛋糕，
使用72%的純巧克力。

101, rue du Faubourg-Saint-Honoré • 75008 Paris

Aki Boulangerie：
距離加尼葉歌劇院不遠，
在這家位於巴黎日本街中心的麵包店品嘗歌舞伎（kabuki）──可說是抹茶版的歌劇院蛋糕。

16, rue Sainte-Anne • 75001 Paris

49

米卡多歌劇院蛋糕

感知品味描述

視覺

整體外觀

展示
（擺盤或甜點櫃）
細緻
重新詮釋

創作
因裝飾帶來的創新
個人風格

顏色

色調
經典顏色

光澤

表面
霧面與亮面的對比

大小與比例

平衡
蛋糕體／奶醬的比
例
蛋糕的整體比例
入口的整體感受

組裝
穩固

可見度
所有成分

表面結構

表面的口感作用物
巧克力棒及可可粉

裝飾
美感考量
與組成的一致性

---

notes

切片

整體性
呈現整體蛋糕的經典特色

嗅覺

氣味

準備及烘烤時的氣味
原料的氣味（鮮奶油）
香料味
焙烤味（咖啡、巧克力）

成品

最初接觸
圓潤且帶甜味

辨識主導味
巧克力

分析
原料的氣味（巧克力）
香料味（咖啡）
焙烤味（奶醬）

續味
咖啡

味覺

最初印象
主導風味：巧克力味

味道複雜度
口感新鮮（濃滑奶醬及咖啡的關係）

對比（巧克力及咖啡）

第二印象
五感的一致性

分析

感知到的風味
原料風味（奶醬）
香料味（香草）
焙烤風味（巧克力、咖啡、帕林內[praliné，或譯成焦糖堅果醬]）

聽覺

切下時

發出的聲音
硬脆（巧克力棒）
酥脆（以帕林內薄脆餅碎[feuillantine]為底）
磨擦聲（奶醬）

品嘗時

發出的聲音
酥脆（巧克力棒）
硬脆（以帕林內薄脆餅碎為底）

觸覺

質地

固體部分
酥脆（以帕林內薄脆餅碎為底）
硬脆（巧克力棒）

對比
介於不同的奶醬、蛋糕體及巧克力棒之間

融化部分
滑順（巧克力濃滑奶醬）
鬆軟（咖啡口味的維也納蛋糕）

享用時機
不須立即享用

終味
和諧

notes

米卡多歌劇院蛋糕

（六人份，長28×寬9.5公分的方型）

咖啡口味維也納蛋糕體

蛋糕體總重 500 克
蛋黃 55 克
全蛋 140 克
白砂糖 105 克
蛋白 90 克
白砂糖 40 克
T55 麵粉 45 克
奶油 25 克
研磨咖啡 5 克

在攪拌機中使用打蛋球，將蛋黃、全蛋、105克白砂糖和研磨咖啡粉一起打出美味的沙巴雍（sabayon）。使用橡皮刮刀，將過篩的麵粉拌入。使用40克白砂糖與蛋白，打發蛋白製作蛋白霜。用橡皮刮刀將這兩者輕柔地混合均勻。在融化奶油中，加入少量麵糊混合後，再倒回整體的麵糊中混合均勻。將麵糊倒在烘焙紙上，抹開攤整成長寬約28×30公分，厚約5公釐。以230℃烤約五分鐘。烤好出爐，連同烘焙紙一起從烤盤內移置涼架上，以停止蛋糕體持續受熱。待蛋糕冷卻，裁成三片28×9.5公分的長方形。

咖啡糖漿
水 30 克
白砂糖 40 克
濃縮咖啡 2 杯
吉利丁 1/2 片

咖啡糖漿

將白砂糖加水煮沸，接著加入兩杯濃縮咖啡。再加入事先浸泡軟化且瀝乾的吉利丁，混拌溶解。用刷子沾取糖漿塗刷三片維也納蛋糕。

咖啡濃滑奶醬
總重 1 公斤
超高溫瞬間殺菌全脂牛奶 215 克
葡萄糖漿 10 克
鮮奶油（乳脂肪含量 35%）430 克
咖啡黑巧克力（可可含量 57%）305 克
吉利丁 2.5 片

咖啡濃滑奶醬

用微波爐加熱融化巧克力，再將葡萄糖漿倒入融化的巧克力裡。將牛奶煮至沸騰，再加入瀝乾的吉利丁混拌溶解。接著慢慢倒入融化的巧克力中混合均勻，製作成甘納許。用手式調理棒攪拌使其乳化。加入冷鮮奶油，重新拌勻至乳化。倒至另一容器接觸覆膜，放入冰箱冷藏一晚，使用前再取出打發。

帕林內薄脆餅碎
總重 200 克
薄脆餅碎 45 克
咖啡黑巧克力（可可含量 57%）50 克
奶油 10 克
杏仁／榛果硬脆帕林內 95 克

帕林內薄脆餅碎

將巧克力以40℃加熱融化，也將奶油融化。將融化巧克力與帕林內混合，接著加入薄脆餅碎拌勻。最後加入融化奶油混合均勻。將其置

於烘焙紙上,再蓋上烘焙紙,擀平成厚5公釐的片狀,再裁成10×29公分的長方形。

香草香緹

香草香緹
總重 150 克
鮮奶油 (乳脂肪含量 35%) 120 克
白砂糖 15 克
一刀尖量的香草粉
馬斯卡彭 (mascarpone) 15 克

裝飾
黑巧克力 (可可含量約 60%) 200 克

將所有材料放入攪拌缸,接著混合均勻。用打蛋球攪拌打發,直到形成光滑的質地。

裝飾(米卡多巧克力籤)

取200克的巧克力(約60%)進行調溫至可用狀態。取適量調溫過的巧克力擠在塑膠片上,用刮刀抹勻成薄片。依甜點模寬度為準(9.5公分),裁切成長條狀。然後,利用裝保鮮膜的盒子裡可用來切保鮮膜的尖齒塑膠條,沿著巧克力片的長邊刮到底,形成巧克力籤。覆蓋上烘焙紙,並壓上砧板固定放置十二小時,使其平整成形。

組裝

取一片塗刷糖漿的蛋糕片鋪放蛋糕框底部。在蛋糕體上方擠入375克的濃滑奶醬,用彎型抹刀,沿著蛋糕框的四邊,整面均勻抹開,形成約1公分的厚度。接著疊放上第二片塗刷糖漿蛋糕片。在上方擠入375克的濃滑奶醬,重複之前的操作步驟。再疊放上最後一片塗刷糖漿的蛋糕片。並在上方擠入剩餘的濃滑奶醬(約125克),抹平形成平整薄層,放入冰箱冷藏凝固約十二小時。

裝飾

將蛋糕取出脫除蛋糕框,並以刮刀將四周整平。將平整後的蛋糕體放在定型的帕林內薄脆餅碎上。打發香緹,填入裝有直徑12公釐的圓形擠花嘴的擠花袋中。在歌劇院蛋糕表面,擠出三十多個漂亮的香緹圓球。取出塑膠片上的(巧克力籤)裝飾,將其優美地放置蛋糕頂層。最後篩上巧克力粉覆滿表面。

覆盆子內餡香草塔

(la tarte vanille insert framboise)

在揭開令人驚喜的配方前，讓我們先介紹這起源於廚藝界的熔岩流心餡吧。

歷史

「廚藝界（gastronomie）」是關鍵字，因為這個技巧並非創自甜點師，而是由法國米其林星級傳奇人物米歇爾・布拉（Michel Bras）主廚發明的。他花了幾年的時間鑽研這種外層為固體、內層為液體的巧克力蛋糕技術，並於一九八一年躍升為他餐廳菜單上的甜點。這道甜點創作的靈感從何而來呢？來自主廚家人冬日滑雪歸來後，希望找到如喝杯熱可可般帶來快樂與慰藉，那種既非軟心（moelleux），也不是半熟（fondant）的巧克力蛋糕。內餡流動的蛋糕是在麵糊裡加入冷凍甘納許為填料。可別把它跟沒烤透，不易消化的蛋糕混為一談。自它誕生以來，流動液狀的內餡風靡全球成為仿傚的範本，至今已有各種口味版本，其中又以橫跨大西洋的熔岩蛋糕（lava cake）最馳名。

簡介

當今這種帶有流動液狀內餡的視覺效果，不只出現在蛋糕，也被廣泛運用在其他甜點類別，特別是塔類。的確，藉由切下時營造的驚喜效果，是一種重新詮釋經典的創意方式。這類帶有流動內餡的塔類，外觀通常會呈現出漂亮的圓頂視覺，因為要有一點空間來容納裡面的流心餡。不過沒切開的話，就不會知道塔皮裡還暗藏著柔軟的對比。我們將以分層的形式來

探究塔的不同成分：外殼是金黃色的塔皮，會先看到奶霜，然後是內餡本身，一旦剖開便會從裡面釋放出來，緩緩傾瀉流淌於盤面。很多時候，也可以利用亮面、焦糖或巧克力外殼，把所有東西包覆起來，為這種堆疊技術增添最後一道層次。就像您可能已經猜到的那樣，這些不同成分不僅極富視覺效果，也會帶來更多層次的口感。

品嘗時機

如上所述，含流心餡的甜點最早是為餐廳菜單設計的，所以很難想像在街上散步或是在早餐時品嘗這種甜點！這可說是一頓美好餐點的休止符，但它本身便是值得品味的作品，推薦您去發現。

五感饗宴

在發現吸睛的亮點，也就是流動內餡的質感前，最先引發我們感知的是發出的聲音。在有內餡的情況下，刀刃在焦糖塗層切下產生啪啦聲直到切穿甜塔皮，相對過程中流動內餡出現的驚喜來說，切聲就像前言和結語。然後觸覺開始發揮作用，立即接手放入嘴裡的品嘗過程。從不同的分層，在固體和液體之間互作對比，如果是有巧克力內餡的蛋糕，會趁熱或溫熱食用，才能品嘗到流動內餡的口感，外置時間太久流心餡易凝固。在口中，內部的柔滑內餡會包覆外部堅硬的塔皮，然後兩種口感才會融合，回歸到讓人嘴饞和令人極度慰藉的快感。在味道和口味方面，有多種選擇：從一種口感到另一種口感的味道，如熔岩巧克力；或是圓潤和酸的對比，如帶有覆盆子內餡的香草塔。

最佳流心塔／最好的流心餡

Le Suquet：

布哈之家（La Maison Bras），流心餡的三星搖籃。

Route de l'Aubrac・12210 Laguiole

Le Temps et le Pain：

絕不可錯過開心果塔及其帕林內流心餡！

7, rue Mouton-Duvernet・75014 Paris

Le Jardin Sucré：

除了馬卡龍外，還有各種美味的小塔，像是開心果－橙花口味。

156, rue de Courcelles・75017 Paris 及
10 place Paul-Grimault・78720 Cernay-la-Ville

Tartelettes：

如同店名，店裡的招牌就是小塔；定期會變換口味推出含有流心內餡的塔。

102, rue Montmartre・75002 Paris

覆盆子內餡香草塔

感知品味描述

視覺

整體外觀

展示
(擺盤或甜點櫃)
可口

創作
圓頂形狀的創新

顏色

色調
明亮的橘色
經典顏色
切下時帶亮紅色

烘焙程度
完全烤透

大小與比例

平衡
整體上法式酥皮及
布蕾奶醬 (crème
brûlée) 的比例

可見度
只有某些成分 (內
餡是藏起來的)

烘焙膨脹
內餡

組裝
瞬間 (切下時流出)

光澤

表面
光澤 (像烤布蕾般
焦糖化)
對比

亮面
光澤感的存在:焦
糖化的糖
極薄的厚度

表面結構

表面的口感作用物
焦糖的硬脆

notes

切片

整體性
切下後的轉變 (流
心餡)

驚喜
隱藏成分 (覆盆子
內餡)

嗅覺

氣味

準備及烘烤時的氣味　　焙烤味（表面的焦
原料的氣味（奶油）　　糖化）
水果味（糖煮覆盆子）

成品

最初接觸　　　　　　**分析**
圓潤且帶甜味　　　　　水果味（煮熟的覆
　　　　　　　　　　　盆子）
辨識主導味　　　　　原料的氣味（奶油）
焦糖及奶油　　　　　　香料味（香草）
　　　　　　　　　　　焙烤味（焦糖）
記憶中的品嘗經驗
烤布蕾　　　　　　　　**續味**
　　　　　　　　　　　香草和覆盆子

味覺

最初印象　　　　　　甜與內餡酸味間的
主導風味：甜味　　　　對比
簡單且明顯的味道
圓潤　　　　　　　　　**第二印象**
香草奶醬及塔皮的　　　五感的一致性

分析

感知到的風味
水果風味（覆盆子）
原料風味（奶油、奶醬）
香料味（香草）
焙烤風味（焦糖）

聽覺

切片時

發出的聲音
焦糖化表面的硬脆
塔皮的酥脆

品嘗時

發出的聲音
塔皮的酥脆

觸覺

質地

固體部分　　　　　　**對比**
酥脆／有層次　　　　　法式酥皮及奶醬／
焦糖化表面的鬆脆　　　流心餡之間

融化部分　　　　　　**享用時機**
滑順（香草奶醬）　　　立即享用
流動（覆盆子內餡）
　　　　　　　　　　　終味
　　　　　　　　　　　和諧

notes

覆盆子內餡香草塔
（五個）

反折酥皮

反折酥皮
參見第 24 頁的聖多諾黑配方。

依聖多諾黑配方步驟，製作反折酥皮。**裁切**：在裁切前三十分鐘，將麵團從冰箱取出。在撒有麵粉的工作檯上將麵團擀成3至4公釐厚。用模框切出直徑4公分的圓形塔皮（約100克）。將塔皮放入冰箱鬆弛三十分鐘。取直徑8公分、高2公分的塔圈，將塔皮鋪放入塔模中。

酥皮塔皮

香草焦糖細粉
參見第 24 頁的聖多諾黑配方。

可可脂 15 克

在塔模先鋪放一層杯子蛋糕紙墊，再放入重石，放入冷凍庫鬆弛。將烤箱預熱至165℃。在上下兩個烤盤之間烘烤塔底（如果烤盤太輕，可以在頂部壓放重物），在165℃下烘烤三十五分鐘。取下重物，然後在165℃下再繼續烤約十五分鐘完成烘焙。烤好的塔底應該是呈金黃色。用乾式焦糖製作焦糖細粉（參見聖多諾黑配方），撒滿烤好的塔底。在210℃下將塔焦糖化三至四分鐘。待塔皮冷卻後，以刷子沾裹融化的可可脂作塑型塗抹（chablonner）。

香草布蕾奶醬

總重 1 公斤
牛奶 230 克
鮮奶油（乳脂肪含量
35%）230 克
白砂糖 90 克
蛋黃 295 克
吉利丁 1 片
可可脂 15 克
100% 香草粉 2 克

將牛奶、鮮奶油及香草粉倒入鍋中煮至沸騰。將吉利丁放入冰水中浸泡。用打蛋器將放置鋼盆內的蛋黃及白砂糖打發至發白。準備一個放有冰塊的鋼盆，再取另一鋼盆放置於有冰塊的鋼盆上。奶醬一旦煮好後，立即倒至鋼盆中隔著冰塊冷卻降溫。將三分之一的熱液體倒在打發至發白的蛋黃和糖上拌勻。然後再倒回鍋中與剩下的熱液體充分混合，一邊攪拌一邊加熱煮至沸騰。加入瀝乾的吉利丁混拌溶解，再把奶醬倒入置於冰塊上的鋼盆裡。加入可可脂，接著持續攪拌一至兩分鐘，直到奶醬呈現完全光滑為止。倒入合適的容器中接觸覆膜，放入冰箱冷藏。奶醬必須在塔的組裝前十二小時準備好。

糖漬覆盆子

總重 500 克
新鮮覆盆子 315 克
白砂糖 160 克
青檸檬汁 25 克

　　在鍋中，放入覆盆子及白砂糖加熱。待煮沸後，一邊用打蛋器攪拌，一邊繼續煮至所需的（剛好覆蓋的）濃稠度。大約會濃縮成一半的量。加入檸檬汁，攪拌均勻後倒入直徑45公釐的半球形矽膠模裡（每個半球約50克），再將這些內餡放入冷凍室，使其凝固定型。

　　組裝：在當天，如同在聖多諾黑配方中解釋的作法，以焦糖細粉將塔底焦糖化。將香草布蕾奶醬填入裝有直徑18公釐的圓形擠花嘴的擠花袋中。先擠一點在塔底，再將冷凍的內餡取出，放到奶醬的中間。接著再繼續擠入香草布蕾奶醬覆蓋半球狀的內餡。取一量杯裝滾燙的水，放入一支大金屬湯匙。用熱湯匙來塑型，使圓頂的表面平整光滑。在圓頂表面撒上紅糖，接著使用噴槍炙燒使其焦糖化。趁熱立刻享用。

l'odorat
嗅覺

氣味之處

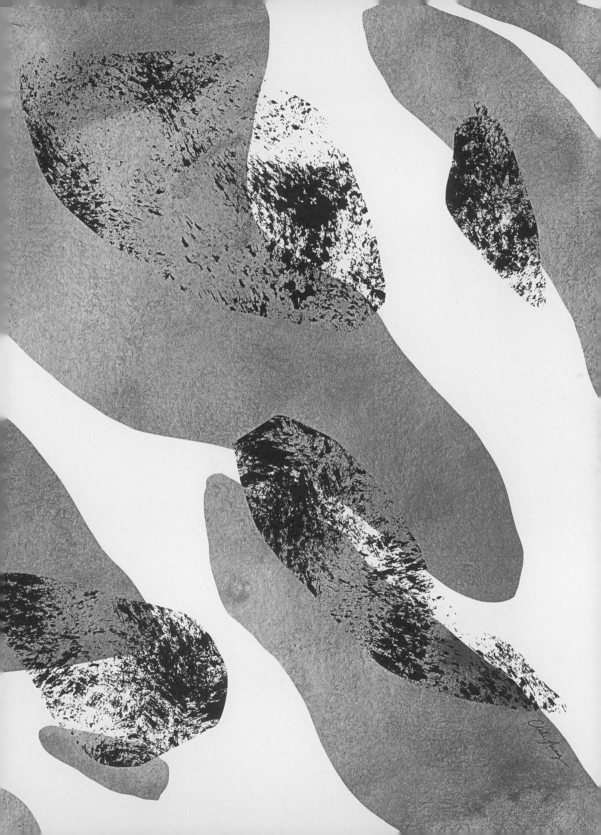

提到蛋糕的氣味，
浮現腦海裡的當然是烘焙時的香氣！

烘焙時的香氣

我們品嘗蛋糕的第一次嗅覺接觸，經常是發生在接近麵包甜點店時撲鼻而來的香氣。誰會不記得小時候路過麵包店，維也納麵包剛出爐的陣陣香氣？當然，在家烘焙甜時，隨著烤焙過程散發出的香氣，自然會說出：「也太香了，應該烤熟了吧？」

當然相較於其他，某些甜點更能喚醒我們的嗅覺。這不禁讓我想到各式種類的維也納麵包，像是可頌，巧克力可頌、葡萄乾麵包和其他布里歐，含藏其中的酵母、糖和奶油的香氣，激發我們的食慾讓人食指大動。烤水果塔和蛋糕的焦糖味，也總令人著迷。別忘了還有好幾道配方，以及融化巧克力的香氣。

所以在接近甜點店之前，不妨試著問問自己以下的問題：
— 能聞到製作過程的味道嗎？如果有的話，請指出幾個主要的味道，暫且不須過度精確描述（後面我們會再進行）：

· 水果味
· 原料的氣味
· 香料味
· 焙烤味
· 花香味
· 植物味
— 如果聞到一股烘焙香，它會讓您想起什麼？

———————

讓我們一起來探索維也納麵包吧，這些有著最初嗅覺印象的種類，是介於麵包店與甜點店之間的特色麵包，且加了零陵香豆（tonka）的可頌，更加深了嗅覺感受。

可頌

(le croissant à la fève tonka)

相傳可頌誕生於一六八三年的維也納。圍攻這座城市的鄂圖曼人，試圖挖掘地道夜襲攻城卻以失敗告終。

歷史

沒想到竟是因為半夜正準備工作的麵包師及時發出通報，成功的阻擋了襲擊。為了紀念這段光榮的歷史，麵包師們依照鄂圖曼旗幟上的標誌為造型，把甜點做成了新月形，讓吃它就像吃掉敵人般大快人心。十九世紀，第一個以布里歐為基礎製作而成的可頌商業化了。但其來源似乎可以追溯到更遠的兩千年前，尋找波斯人、希臘人等在宗教儀式中出現第一個新月形蛋糕的蹤跡。直到一九二〇年代，以奶油製成的法式酥皮可頌在法國問市，並成為法式風情的形象代表。

迷人的氣味

正如它的發展歷史所述，可頌背負著沉重的責任：在國際美食界中，它也是法國的標誌之一。

在品嘗可頌的過程中，我們將透過感官從各個角度切入，進行觀察與剖析，理解它的質地與風味形成。說起來，我們與可頌以及其表親維也納麵包的初次接觸，是非常具有嗅覺性的。麵包師會在顧客經過的地方，透過烘焙廚房散發的香氣來吸引顧客，這是眾所周知且廣被運用的嗅覺行銷。經過麵包店前，正統的維也納麵包，散發著奶油和酵母混合物的烘焙香氣，讓人心蕩神馳，令人想買來邊走邊吃當早餐。而這些香味，也透露了可頌的手工製作特性，以及奶油的品質。當手中拿著可頌時，很難抗拒得了那讓人想大口咬下的圓潤香味。

在本章中，想透過添加一種我個人特別喜歡且具有特殊氣味的成分：零陵香豆，來將可頌的香氣大幅提升十倍；而可頌高奶油含量則會增強香料的力量。

多虧了零陵香豆帶給可頌的加乘效果，更加彰顯嗅覺方面的表現。

五感饗宴

　　就如之前所言，鼻子和大腦都得到了保證，您將會品嘗到非常棒的可頌，也是時候讓眼睛和耳朵發揮作用了。一個好的手工可頌會有不錯的體積大小，這意味著整體有良好的膨發高度，烘烤過程中有良好膨脹張力，形成蜂巢組織結構。事實上，可頌麵團是一種相當特殊的酥皮，這種折疊發酵麵團成分中含有酵母或天然酵母。在製作過程中需要巧妙的分層，使奶油層和麵團層層交替，但同時也會因發酵而膨大。這精細繁複的一切取決於酥皮折疊的專業師傅的手藝。最終成型的可頌必須帶有漂亮且夠深的金黃烤色。

　　然後就是咬、切甚至撕的品嘗時刻了，別訝異這些不同的表達詞彙！每個人在吃可頌時都有自己的小儀式。有的人會先撕開層層酥皮，有的人會先從兩端開始吃，甚至直接大口咬下！

　　但不管是什麼樣的過程，吃酥脆的可頌，本來就會出聲，掉渣屑！您曾想像過吃可頌時是寂靜無聲的嗎？那可是味覺災難的提醒啊⋯⋯維也納麵包碎裂的聲音正是新鮮度與手工性質的美味線索，所以請豎起耳朵聽好。

　　最後您將能同時欣賞到維也納麵包酥脆且柔軟的質地，以及奶油的美味和輕微焙烤的香氣。當然，觸覺體驗不會只停留在嘴裡：注意您手中的觸感，如果它們有點油膩，那是個好徵兆！

品嘗時機

　　可頌通常是出發、啟動的代名詞，當然是在早餐時享用，也常在會議前的咖啡時間享用。趁新鮮品嘗是最佳時機，從麵包甜點店買回來，搭配熱呼呼飲品一起享用最是美味——假使您能把持住沒在路上把它吃掉的話⋯⋯

最佳可頌

La Boulangerie du Square：

羅曼（Romain）和他的團隊，採用優質原料與滿滿的熱情來製作，是周末非吃不可的維也納麵包。

50, rue Hermel・75018 Paris

B.O.U.L.O.M：

在這裡您會發現巧克力，這是來自蘭德（Landes）的朱利安・杜布耶（Julien Duboué）主廚，以分享的作法形式，使其更加酥脆與美味。維也納麵包以及一些像丹麥麵包等有些被遺忘的甜點，也會季節性的供應。

181, rue Ordener・75018 Paris

Victoire Boulangerie：

創始人維珂朵（Victoire）不斷更新她的維也納麵包種類，從可可帕林內口味的花酥，到覆盆子巧克力可頌，其中也包括肉桂捲與傳統瑞士麵包。

12, rue Cadet・75012 Paris

可頌
感知品味描述

視覺

整體外觀

展示（擺盤或甜點櫃）
符合傳統可頌

顏色

色調　　　　　**烘焙程度**
經典顏色（金黃）　完全烤透

大小與比例

烘焙膨脹　　　　**組裝**
膨發良好（分層明　穩固
顯）

光澤

表面　　　　　**蛋液**
有光澤　　　　　輕薄

亮面
塗刷蛋液的均勻度

notes

表面結構

表面的口感作用物
膨發開的片狀分層

切片

整體性　　　　**驚喜**
呈現整體蛋糕的經　零陵香豆的小顆粒
典特色（內部也存
在膨發）

嗅覺

氣味

準備及烘烤時的氣味
原料的氣味（奶油及酵母）
香料味（零陵香豆的強烈氣味）

成品

最初接觸
圓潤且帶甜味

辨識主導味
零陵香豆的香料味

....

分析
原料的氣味（奶油
和酵母）
香料味（較輕淡的
零陵香豆氣味）

續味
奶油和酵母

味覺

最初印象
主導風味：奶油
味道的純度
口中輕微的油膩感

第二印象
感知到的新成分
（零陵香豆）

分析

感知到的風味
原料風味（奶油、酵母）
香料味（零陵香豆）
焙烤風味（焦糖化）

聽覺

切片時

發出的聲音
酥脆

品嘗時

發出的聲音
酥脆

觸覺

質地

固體部分
具層次

享用時機
不須立即享用

....

內餡內部
柔軟（中心呈蜂巢
狀）

終味
外酥內軟的對比

notes

....
....
....
....
....
....
....
....
....
....
....
....

可頌

零陵香豆口味（九至十個）

零陵香豆奶油

總重 253 克
酥皮折疊專用奶油
（乳脂含量82%的）
250 克
零陵香豆刨粉 3 克

用微波爐將奶油稍微軟化。使用類似麥果普連的刨絲刀製作零陵香豆粉。在攪拌機的缸盆裡，以低速混合奶油和零陵香豆粉，不用打至乳化。將奶油移置烘焙紙上，再將紙折疊成長方形覆蓋起來，並將奶油平均擀平，厚度約在1至1.5公分之間。放入冰箱備用。

可頌麵皮

總重 715 克
T45 麵粉 405 克
細鹽 10 克
白砂糖 50 克
奶粉 15 克
商用酵母粉 15 克
水 115 克
全脂鮮奶 80 克
奶油 25 克

麵團

在攪拌缸中，使用攪拌鉤將所有材料攪拌混合（液體必須是冷的），先低速攪拌五分鐘，再轉高速攪拌四分鐘。當麵團均勻且光滑時，將麵團移置已薄撒上一層麵粉的工作檯。將麵團整型成圓團，用刀在麵團中間劃切十字，深度約至厚度的一半，再拉開攤平成方形。用擀麵棍將麵團延展擀平。在20°C（室溫）下發酵三十分鐘，用保鮮膜包覆，放入冷藏一小時抑制繼續發酵。冷藏鬆弛至隔天（約十二小時）。

折疊

在開始前十至十五分鐘，將零陵香豆奶油從冷藏拿出回溫。取出麵團擀開，使其寬度為奶油寬度的三倍，高度相同。將零陵香豆奶油放在擀開的麵團中間，再將兩側麵皮往內折包覆奶油。麵團接縫處捏緊。將麵團擀成三倍長，接縫應垂直於工作檯面邊緣（轉90度改變方向後擀開）。完成後，將麵團的一側折疊到麵團的中間，然後再將另一側折疊在上面。完成第一個單折。每次的折疊，都要將折疊的邊緣劃開，以獲得分層明顯的維也納甜點。將麵團冷藏鬆弛三十至四十分鐘。重複進行單折兩次，過程中必須控管溫度，避免奶油融化。

擀麵及整型

　　將麵團擀成約7至8公釐厚，形成約40×30公分的長方形。以切刀切出底為6公分、兩邊為38公分的等腰三角形。從6公分的三角形底部開始，將麵皮往頂角方向捲起到底。

蛋黃 75 克
全脂鮮奶 25 克

發酵膨脹與表面蛋液

　　將可頌放在鋪有烘焙紙的烤盤上，可頌捲起最後尖角部分在下方。將烤箱加熱至45至50℃，取一杯沸水倒在置於烤箱底部的帶邊烤盤上。關掉烤箱。將可頌放置烤箱內發酵膨脹。過程中以開關烤箱門，來控制濕度和發酵溫度。最佳的發酵膨脹條件是，在溫度27℃下的潮濕環境，發酵兩至兩個半小時。

　　將蛋黃和鮮奶打勻。均勻塗刷上或噴上可頌的表面。噴刷上的蛋液會帶來顏色、光澤、脆度，並在保存中發揮重要作用。

烘焙程度

　　在175℃下，以對流模式加熱十五到二十分鐘，具體時間取決於烤箱而定。烘焙完成後，將可頌取出放在涼架上三十至四十五分鐘。若是繼續放置烤盤上的話，會因水氣凝結的關係，使可頌失去酥脆的口感。最佳品嘗時機因環境而異，但應在微溫近乎完全冷卻時品嘗。麵包屑會顯出所有的焦化奶油和零陵香豆風味，也是最酥脆的時候。

一旦烘焙完成，這些美味呈現在甜點盤，接著要繼續動員嗅覺，讓我們能更充分地品嘗味道。這是甜點品味學概念的第二步驟。此外還要注意甜點的溫度，否則您將完全錯過嗅覺的感受。

品嘗時的香味

大多數甜點都適合在室溫或微溫下享用，比如一些塔類或分蛋打發的蛋糕。因此，在第一口咬下之前，請閉起眼睛多停留幾秒鐘，聞一聞，感受一下。

一 您最先聞到的是什麼氣味？
　　．很新鮮又清爽？
　　．還是比較圓潤帶甜？
一 您能辨識出食材嗎？
一 您有聞到多多少少的焦糖味和輕微的苦味嗎？還是巧克力、香草或咖啡之類的香氣？
一 識別出主要氣味後，嘗試辨別以下的氣味。

為了幫助您識別甜點的嗅覺元素，以下是更為詳細的特徵：
一 水果氣味：首先嘗試找出它是哪種水果類別，例如紅莓果、白肉水果、黃色水果、柑橘類水果、異國水果等，再進一步辨識出答案。

一 原料氣味：牛奶、鮮奶油、奶油、酵母、糖等。
一 香料氣味：香草、肉桂、零陵香豆、薑黃、丁香、杜松等。
一 焙烤氣味：堅果類（杏仁、榛子、各種核桃、開心果）、巧克力、咖啡、茶、焦糖。
一 花香：玫瑰、橙花、紫羅蘭、茉莉等。
一 植物香：薄荷、羅勒、龍蒿（estragon）、迷迭香等。

透過最初的嗅覺體驗能讓您為品嘗階段做好準備，接下來將真正地嘗試去驗證您的嗅覺直覺。也是在這個階段，大腦會觸發您的記憶，重新連結到過往的品嘗經驗，甚至是更遙遠充滿情緒的記憶。

———————

旅程已經開始了！為了讓您更了解這種嗅覺方法，我提供兩道配方，它們的氣味充滿歷史和紀念意義：翻轉蘋果塔和大理石蛋糕。

翻轉蘋果塔
(la tarte Tatin)

另一個傳奇的蛋糕故事！

歷史

翻轉蘋果塔出現於二十世紀初，是由位於索隆（Sologne）的拉莫特·貝弗隆（Lamotte-Beuvron）一對經營旅館餐廳的塔汀姐妹（Stéphanie et Caroline Tatin）所製作出來的。比起說她們是因忙中出錯把塔翻倒重新烘烤，或是忘了鋪放塔皮，在最後一刻才趕緊覆蓋在蘋果上繼續烘烤，用想要重新詮釋索隆的特色塔點來形容這對姐妹似乎更貼切。塔汀姐妹承襲母親的祖傳配方，讓他們經營的餐廳聲名大噪。不久後，據說馬克西姆（Maxim's）的廚師潛入了她們的廚房偷走了配方，並將這個著名的翻轉蘋果派變成了自家的招牌甜點。直至今天，翻轉蘋果塔的主要成分仍被沿用沒有改變：在金屬塔模中，以糖和奶油燉煮切成四分之一大小的蘋果塊，然後在表面覆蓋甜塔皮或是酥皮。一旦脫模，烘煮過程中的焦糖便會流淌分布到金黃的燉蘋果上。食用時通常會佐以帶有酸味的無糖鮮奶油。

迷人的氣味

與大多數帶有煮熟水果的蛋糕一樣，翻轉蘋果塔在烘烤時的美好滋味就足以讓人陶醉。逐漸糖化的蘋果、奶油和焦糖結合，形成了帶著水果、奶油味和焙烤香的節慶氣息。一旦烤好，就得將它翻轉倒扣脫模，使焦糖蘋果層在上方，這是氣味撲

74

鼻而來的時刻，既鮮明又強烈。等待幾分鐘後，趁溫熱狀態下品嘗，同時感受不同成分緊密混合的滋味：塔皮、蘋果、焦糖和作為佐料的鮮奶油。如同在上一章提到的可頌，我也選擇在翻轉蘋果塔的配方中添加一個成分，增強嗅覺效果。這是一個結合印度香料的配方。由綠色小荳蔻、生薑、肉桂、肉荳蔻、丁香和玫瑰混合而成的溫暖風味。與蘋果的微酸，以及熟塔皮的圓潤，可說是完美結合。品嘗時，將香料配方添加到依思尼（Isigny）產區認證（AOP）的鮮奶油裡，作為味覺亮點。

品嘗時機

這道塔是在餐廳裡見證了它的榮耀，我想在小酒館裡品嘗最合適不過了。這是道傳統的甜點，介於水果的清爽與厚重的美味之間，沒有一點華而不實的成分，就單單在小酒館盤子上再添加一匙美味的打發鮮奶油。很適合與喜歡「法式懷舊風」的朋友一起分享！

五感饗宴

一般來說，翻轉蘋果塔因其外表，稱不上是最有名的甜點。但不可否認的是，在流下的焦糖液和煮熟的蘋果間，那風味可是完美組合。翻轉蘋果塔的成分是互相關連的，形成一種非常和諧的金色色調。當您加入鮮奶油時，潔白的色澤格外鮮明，令人忍不住想立刻品嘗。口感與視覺上對比相呼應，一方面有著柔軟與滑順，另一方面則帶著酥脆感，讓外觀及口感更具特色。而接下來要做的就是細細品味，靜靜享受其中的樂趣，這流傳已久且令人驚嘆的甜點。

最佳翻轉蘋果塔

Benoît Castel：

以布列塔尼酥餅為基礎的精緻翻轉蘋果塔——就像主廚本人一樣！——他的甜點和麵包店提供一系列簡單且無添加物的產品。

150, rue de Ménilmontant et 11, rue Sorbier · 75020 Paris
72, rue Jean-Pierre Timbaud · 75011 Paris

**Des gâteaux et du pain,
par Claire Damon：**

好原料始終是她創作的核心，翻轉蘋果塔也不例外。

89, rue du Bac · 75007 Paris
63, boulevard Pasteur · 75015 Paris

翻轉蘋果塔

印度香料口味

感知品味描述

視覺

整體外觀

展示
（擺盤或甜點櫃）
可口
質樸

創作
具個人風格（整顆
蘋果）

顏色

色調
鮮明（強烈的金黃
色與鮮奶油的白色
對比）

烘焙程度
深度烘焙

大小與比例

平衡
塔皮／內餡
整體的比例

組裝
穩固

可見性
所有成分

光澤

表面
具光澤

切片

整體性
呈現整體蛋糕的經典特色

notes

嗅覺

氣味

準備及烘烤時的氣味
水果味（煮熟蘋果）
原料的氣味（奶油）
香料味（印度香料味）
焙烤味（焦糖）

成品

最初接觸
圓潤且帶甜味

辨識主導味
煮熟蘋果

分析
水果味（煮熟蘋果）
原料的氣味（奶油
和鮮奶油）
香料味（印度香料
味）
焙烤味（焦糖）

續味
香料和鮮奶油

記憶中的品嘗經驗
印度香料拿鐵

味覺

最初印象
具果味的主導風味
（甜、酸……）
單純
鮮奶油帶來口中輕

微油膩感
圓潤

第二印象
五感的一致性

分析

感知到的風味
水果風味（蘋果）
原料風味（焦糖、奶油、鮮奶油）
香料味（印度香料味）
焙烤風味（焦糖）

聽覺

切下時

發出的聲音
酥脆（塔皮）
磨擦聲（煮熟的蘋果）

品嘗時

發出的聲音
酥脆（塔皮）

觸覺

質地

固體部分
具層次

對比
在法式酥皮和內餡
之間

厚實部分
油膩（鮮奶油）
糖漿感（流下的焦
糖）

享用時機
立即享用（鮮奶油
倒在溫熱的蘋果塔
上）

融化部分
綿密（鮮奶油）
柔軟（煮熟蘋果）
流動感（焦糖和鮮
奶油）

終味
和諧

notes

翻轉蘋果塔

印度香料口味

反折酥皮

反折酥皮
參見第 24 頁聖多
諾黑的配方

**總重 500 克麵團
（可利用剩麵）**
奶油 160 克
T55 麵粉
70 ＋ 160 克
水 70 克
奶油 45 克
鹽 5 克
白醋 1 克

**高 5 公分的平底
圓模（底部直徑
22 公分，頂部直
徑 24 公分）一個**
蘋果 4 顆
奶油
印度香料
白砂糖 350 克
依思尼產區認證
鮮奶油

依聖多諾黑配方及步驟製作反折酥皮。

裁切：在裁切前三十分鐘取出酥皮。將一小部分酥皮擀成約6至7公釐厚，裁切出寬2.5公分、長36公分（約150克）的兩條長方形酥皮。這兩條酥皮是用於圍放平底圓模的內側邊緣。接著繼續將酥皮麵團擀成厚3至4公釐麵皮，可切出直徑25公分的麵皮（約200克）大小。放入冰箱冷藏。

印度香料口味的烤蘋果

以去芯器為蘋果去芯，再以削皮刀去除果皮。將蘋果切成兩半。取一大塊奶油在一平底鍋中加熱，直到呈現榛果奶油的狀態。倒入蘋果，煎煮兩面至上色。當蘋果上色後，撒上印度香料，再續煮幾分鐘後倒到另一盤中備用。

組裝

取奶油在平底圓模內均勻地塗刷上一層，接著取烘焙紙裁成同底部圓形大小，鋪放入模底。用白砂糖以小火製作乾式焦糖，然後倒入模中（煮好的焦糖應該要冒煙，帶光澤且是流動的）。取裁好的兩條酥皮，貼緊在圓模的內側周圍。將蘋果排入模底（平坦切面朝上），接著覆蓋上裁切好的圓形法式酥皮。將表面及周圍多餘的麵皮捏好，翻到蘋果塔上方。

烘焙

將烤箱預熱至170℃，放入蘋果塔烤約一小時三十至一小時四十五分鐘，觀察酥皮是否有烤透。當蘋果塔烤好後，放涼約一小時使其至微

溫狀態。將蘋果塔翻轉倒扣脫膜。如果難以脫模的話，可以將它放回
烤箱中幾分鐘，或使用噴槍加熱模型幫助脫模。

品嘗

　　端上微溫的翻轉蘋果塔，然後在上面放一匙已加入少許印度香料，
且打發到恰到好處的依尼思鮮奶油。

大理石蛋糕
(le cake marbré)

講到嗅覺這一章，就不能不提一道童年的蛋糕，這是家庭甜點的經典之作，它的味道無疑已經占據了每個人的記憶，當然像瑪德蓮那樣根深蒂固的就先不提了！

歷史

「大理石蛋糕」出現在十九世紀末，盛行於美國，當時婦女流行以方形模具烘烤蛋糕，再切成方塊片狀，整齊排放宛如彩色棋盤。爾後隨著節慶蛋糕的需求擴大，加上對外觀的要求，進而創作出大理石蛋糕的原型，而螺旋狀花紋是藉由加入糖蜜、香料或是葡萄乾來呈現的。現今有著黑白圖紋的大理石蛋糕，主要是以淺色的香草口味，搭配深色的巧克力口味居多。大理石蛋糕也是旅行蛋糕（gâteaux de voyage）的一種，十七世紀塞維涅（Sévigné）侯爵夫人在布列塔尼和凡爾賽之間的往返旅行中，已經提到這款蛋糕的實用性，這得歸功於它們能夠保存數日且容易攜帶。近來因為甜點師們的重視又重新受到矚目，尤其有法國最佳工藝師頭銜的尼可拉·伯納德（Nicolas Bernardé）更以此為招牌，在它簡單的外表下充滿驚喜和美味。

迷人的氣味

大理石蛋糕能讓我們重溫童年快樂時光。很多人小時候應該都曾有過，在冷冽寒冬的週末午後與父母一起手作大理石蛋糕的美好時刻。大理石蛋糕是一款樸實而美味的蛋糕，是最常被家庭製作的甜點。對於參與的小小烘焙師而言，如果說整個蛋糕的製作環節，有某一刻抓住了他們的注意力，那肯定是烘烤的過程。他們的感官會受到刺激，從最開始的嗅覺，慢慢地牽引他們貼近烤箱，隨著烘焙的味道飄出廚房，瀰漫擴散整屋子時，他們就會發現烘焙的神奇之處！而且，大理石蛋糕的效果還是加倍的：在奶油香氣與奶香中，甚至透著香草和可可的味道。

五感饗宴

烘焙化學的魔力開始發揮，在泡打粉

的作用下，小小甜點學徒，甚至是年紀較長的，都會驚嘆於麵糊的膨脹力，原本只占模具的三分之二，最終會膨高隆起超過它，形成大理石蛋糕的完美標竿：凸起的小山丘！要做出漂亮美味的大理石蛋糕，製作方法與技巧很重要。漂亮的外觀外，還有蛋糕切開後，讓人看得眼花撩亂的花紋切面。這是因為甜點師會有條不紊地重複交替香草麵糊與可可麵糊，並以熟練的手法恰到好處地混合出圖紋般的花樣使然。最後呈現的結果，有人喜歡極細條紋的斑馬紋；有人偏好顏色分明、能清楚品嘗出各別的味道，這些都是它迷人之處。

在口味與口感上還有一個重要成分，也是裝飾的一部分：亮面。適度的亮面突顯表面起伏與光澤視覺效果，並在口中帶來口感對比。喜歡吃蛋糕前後兩端的人，就可以吃到比其他部分更多的亮面。切下蛋糕的那一刻，表層裝飾的硬脆巧克力會應聲碎裂，帶來美妙的聲響，以它為品嘗揭開序曲是多麼棒的感受啊！由於宮廷精緻午茶的盛行，大理石蛋糕也相繼出現了融合現代的視覺效果，像是帶有圖像感的線條，以及更加美味的外層亮面。

品嘗時機

如果想營造氛圍，可以搭配咖啡或茶，作為享受「下午點心時間」的蛋糕；當然也可以像瑪德蓮一樣浸潤熱飲配著吃，或是小朋友可以來杯牛奶，不過別泡太久喔，否則蛋糕可是會溶化沉積杯底！這種簡單而強烈的味道及口感，實在讓人欲罷不能！

最佳大理石蛋糕

皇宮酒店版

Nicolas Paciello au Fouquet's Paris：

他的原創是前所未見的開心果口味大理石蛋糕。

99, avenue des Champs-Élysées • 75008 Paris

François Perret au Ritz：

他使用大理石蛋糕作為香草焦糖甜點的一部分：令人為之驚艷！

15, place Vendôme • 75001 Paris

甜點店版

Cyril Lignac：

他那傳說中直角大理石蛋糕，是以混有奶油薄脆餅及帕林內為底層，表面再淋上一層帶杏仁碎的巧克力硬脆亮面。

133, rue de Sèvres • 75006 Paris

Nicolas Bernardé：

在巴黎外環道，我們可找到這位法國最佳工藝師所提供的眾多蛋糕。

2, place de la Liberté • 92250 La Garenne-Colombes

大理石蛋糕

感知品味描述

視覺

整體外觀

展示
(擺盤或甜點櫃)
可口
經典

創作
斑馬紋而來的創新

顏色

色調
經典顏色 (棕色)

大小與比例

可見度
只有某些成分 (在切下前藏起的大理石紋)

烘焙膨脹
膨脹良好 (明顯的凸起)

組裝
穩固

光澤

表面
光澤的對比

亮面
呈現巧克力亮面厚度幾公釐以增美味

切片

整體性
呈現整體蛋糕的經典特色 (同樣形狀)

驚喜
隱藏成分 (大理石紋)

notes

嗅覺

氣味

準備及烘烤時的氣味
原料的氣味（奶油、鮮奶油）
焙烤味（巧克力、榛果巧克力中的榛果）
香料味（香草）

成品

最初接觸
圓潤且帶甜味

辨識主導味
巧克力

分析
原料的氣味（奶油）
焙烤味（較明顯的
巧克力）
香料味（香草、榛
果）

續味
奶油、香草

記憶中的品嘗經驗
童年的午茶點心

聽覺

切片

發出的聲音
硬脆（亮面）
磨擦聲（烤好的蛋糕）

觸覺

質地

固體部分
鬆脆（亮面）

對比
在蛋糕體與亮面間

融化部分
鬆軟
柔軟

享用時機
不須立即享用

終味
和諧

味覺

最初印象
主導風味：甜味
單純、簡單
圓潤

第二印象
五感的一致性

分析

感知到的風味
原料風味（奶油、鮮奶油）
香料味（香草）
焙烤風味（巧克力、榛果）

notes

83

大理石蛋糕
25公分的長條蛋糕（約十片）

巧克力蛋糕麵糊

巧克力蛋糕麵糊
總重 410 克
T55 麵粉 70 克
細冰糖 110 克
融化奶油 30 克
可可粉 15 克
泡打粉 2 克
蛋黃 80 克（約 4
顆蛋黃）
法式酸奶油（crème
fraîche épaisse）（可
能的話使用伊思尼
產區認證）60 克
巧克力豆 40 克

在一容器中混合糖和蛋黃，用打蛋器攪拌打發，或是在攪拌機的缸盆中使用打蛋球打發。需打發至略為發白，且提起蛋黃糊後往下滴落時會呈緞帶狀。接著取一部分蛋黃糊，拌入法式酸奶油中混合稀釋，再倒回其餘的打發蛋黃糊中，用橡皮刮刀混合均勻。接著輕柔地拌入可可粉、泡打粉及麵粉，拌勻至無粉粒。加入融化奶油攪拌均勻，加入巧克力豆拌勻。

香草蛋糕麵糊

進行與製作巧克力蛋糕麵糊相同的步驟；只需將香草籽添加到蛋黃和糖的混合物中即可。

香草蛋糕麵糊
總重 395 克
T55 麵粉 90 克
細冰糖 120 克
融化奶油 35 克
香草籽 1 克
泡打粉 2 克
蛋黃 80 克（約 4 顆
蛋黃）
法式酸奶油（可能
的話使用伊思尼產
區認證）65 克

T55 麵粉 5 克
軟化奶油 25 克

大理石花紋

用小打蛋器混合軟化奶油和麵粉。用刷子或烘焙紙，將上述混合物塗刷在蛋糕模的內部，使蛋糕能順利脫模。同時，將烤箱預熱至180°C。使用擠花袋，將200克巧克力蛋糕麵糊擠入模具底部，再擠200克白色麵糊放入模具。重複此步驟。使用有角度的抹刀，在蛋糕麵糊中劃出「漩渦」形成大理石花紋，接著在麵糊中央畫縱線般擠上一條軟化奶油。在180°C下烘烤五分鐘，接著繼續以160°C下烘烤三十分鐘。確認大理石蛋糕是否烤熟，可以在烘焙結束時，用刀子插入蛋糕內部確認；若插入的刀面沒沾黏麵糊就表示烤熟，若沾附麵糊就表示還沒熟透。烤好出爐，將蛋糕從模具中取出，稍放涼。包覆上保鮮膜，在淋上亮面之前放置室溫保存。

裝飾

虎斑裝飾用
黑巧克力 160 克
葡萄籽油 40 克
牛奶巧克力 40 克

蛋糕必須是完全冷卻且維持在室溫的狀態。（以隔水加熱的方式，或使用微波爐）融化黑巧克力後，加入葡萄籽油拌勻。以同樣的方式融化牛奶巧克力。將蛋糕放在涼架上，以深色的黑巧克力混合物，淋覆蛋糕表面使其完全披覆，接著用開口很小的擠花袋，填入牛奶巧克力，在黑巧克力亮面上劃上虎斑線條。輕震幾次涼架，讓多餘的亮面滴落，並展露出亮面的虎斑。冷卻凝固後食用。

l'ouïe
聽覺

傾聽甜點的美妙歌聲

坦白說，這絕對不是我們在品嘗甜點時，甚至是任何食物時容易連結的感覺。

但在討論甜點品味學的過程中，我選擇了對它加以關注。我們吃甜點時所產生的聲音，會形成品嘗經驗的一部分，甚至無意識地影響我們。像是在網絡社交不斷散播的短片，吃貨們撕開可頌，對消費者傳達它有多酥脆的例子。或將時間再往前追溯到在社交網絡還沒來臨的年代（！），您一定有印象一則爆米花巧克力廣告中發出的聲音，產品命名就是來自品嘗它時發出的聲響。又或是讓我回到在電影院播放的預告片廣告，那是一枝表面淋裹上厚厚一層巧克力的冰棒，巧克力厚到咬下第一口的聲音迴旋激盪了整個電影院空間。也就是說，不論吃的人是誰，發出的聲響與某些甜點間的品嘗經驗是密切相關的。

切下時發出的聲音

首先注意切下時發出的聲音：

· 最明顯是千層酥皮。事實上，這種酥皮的成功與否，與數百層麵皮有關，如此多的薄層會在甜點匙的力量下響亮地碎裂。千層派要是沒有發出它獨特的酥脆聲，還能稱得上是千層派嗎？

國王派（galette des rois）也是如此，

它是使用反折酥皮（以奶油團包麵團）的甜點，以獲得更脆的口感。

· 但我們也同時提到響脆！許多甜點配方都在尋找這種令人愉悅的口感對比，正如我們在研究觸覺時會發現的那樣。因此，成功對比的第一個線索是它產生的聲音，例如帕芙洛娃（pavlova）蛋糕中烤蛋白霜響脆地裂開的聲音。

· 或者讓我們談談硬脆的聲音，像是用湯匙敲擊以糖或巧克力製成的外殼表面，或是烤布蕾表面焦糖層的聲音！

這些聲音都有一個共同點：它們是品嘗的開始，象徵甜蜜攻擊行動的展開！正如我們在第11頁中解釋的那樣，我們在口中品嘗時也會感覺到它們。在同他人討論甜點時，我常會問的問題：「您覺得切開時不會發出聲音的千層派，感覺是怎麼樣的呢？」百分之百的受訪者回答都是不新鮮了，因為它可能放太久有油耗味了，通常不會讓人想吃。

———————

這是一個很明顯的例子，我希望藉由它來喚醒您對甜點所發出聲音的認識。

千層派

(le mille feuille)

千層派的起源主要有兩種說法，其中一說是在一六五一年，當時有位廚師弗朗索瓦・皮耶德拉瓦雷（François Pierre de La Varenne）在他的食譜書中記載了它。

歷史

它是由三層千層酥皮和兩層甜點師奶醬疊加組合而成，頂部用糖粉或糖霜裝飾，就是因為這種麵皮的疊加結構而得名。另外一種形態，是由果醬所組成的千層派，據說是在一八六七年由位於巴黎第七區著名街道rue du Bac的甜點店師傅阿道夫・塞格諾（Adolphe Seugnot）所製作的特色甜點；這條街一直是法國著名甜點店櫛比鱗次的地點之一。在法國以外的地方，它也被稱為「拿破崙」；鮮明的特徵卻是毫無爭議！在技術方面，誠如其名的千層，依折疊的手法不同，實際上會有729層或2,048層。不過實際上，應該沒有人真正一層一層數過它！

甜點的美妙聲音

發展至今日，千層派仍然是法式甜點的象徵，也是以精湛工藝昇華簡單原料的表現。儘管多年來歷經現代化、輕爽化的演變，只保留基本組成架構，主角仍是千層酥皮和香草奶醬。但汰除多餘的成分後，千層派更加展現出自屬的獨特。層層堆疊的特色，讓您在切或咬下的時候，不免會有片刻的猶豫，因為您很清楚，展開行動後這道甜點就會走樣變形了。除了想到將它放倒，方便優雅食用的主廚以外──多虧了他們的創舉！無論如何擺放，千層所發出的聲音都會迴響整個空間，就讓我們帶著好心情迎接即將發生的事情。通常經徹底烘焙焦糖化的反折酥皮，不會因滑順

奶醬而受潮變質，口感依舊酥脆，切下時會一層層吵雜地破裂。那是整個品嘗過程中，都會伴隨著您的美妙旋律。

五感饗宴

首先，千層派的視覺效果與裝飾它的翻糖密不可分，用叉子勾勒出的巧克力漩渦非常容易辨識。也因為對此裝飾的愛好，傳統的麵包甜點店最常以這樣的作法來呈現。不過就如之前所說，許多甜點師考量到食用方便性，想方設法的運用了其他的成分來取代：糖粉、簡單的焦糖化等。千層派重要的關鍵，不只是酥皮與奶醬層疊分明的分層，還有烤得金黃鬆脆的酥皮與香草的存在感。派皮與奶醬層層堆疊形成豐富口感，帶來了許多對比，一旦吃進嘴裡就消散了。在香氣和風味方面，它們也保持簡單——以奶油、焦糖和香草為基調——因為它的脂肪含量很高，能帶出其他成分的特性，很適合重新詮釋，像是巧克力、零陵香豆、抹茶等口味，有非常多的選擇！在接下來的配方中，我們甚至會再加入一個特別的成分。

品嘗時機

就跟翻轉蘋果塔一樣，千層派是很適合在小酒館菜單裡出現的甜點。畢竟，這些輕爽的酥皮在一餐的最後，可以「輕輕鬆鬆吃下去」，不是嗎？我還想像著懷舊的用紙包起千層派，繫上緞帶拎著它到愛吃甜食的祖母家享用週日午茶時光，那每週一次的美味小確幸……

最佳千層派

Christophe Michalak：

世界甜點冠軍，也是將千層派放倒的先行者之一，他曾是雅典廣場酒店（Plaza Athénée）主廚。依循同樣原則，我們會在店裡找到他的香草焦糖代表作Kosmik。

60, rue du Faubourg-Poissonnière・75010 Paris
16, rue de la Verrerie・75004 Paris
8, rue du Vieux-Colombier・75006 Paris

Yann Couvreur：

他現場組裝的千層派曾贏得勒貝指南（Guide Lebey）二〇一四年度最佳甜點。

137, avenue Parmentier・75011 Paris
22 bis, rue des Rosiers・75004 Paris
25, rue Legendre・75017 Paris

千層派

入口即化的香草焦糖

感知品味描述

視覺

整體外觀

展示
（擺盤或甜點櫃）
優雅
可口
重新詮釋

創意
因形狀或擺放方式
的不同，不使用翻
糖，並用不同口味
的奶醬帶來創新

大小與比例

平衡
法式酥皮／內餡的
比例
蛋糕的整體
入口的整體感受

烘焙膨脹
法式酥皮以不常見
的方式膨脹

組裝
不持久且脆弱

可見度
所有成分

顏色

色調
金黃與白色的對比

烘焙程度
烤透且焦糖化

光澤

表面
千層酥皮部分有光
澤
與霧面的打發甘納
許對比

亮面
光澤感：焦糖細粉

表面結構

表面的口感作用物
焦糖點的存在

切片

整體性
呈現整體蛋糕的經典特色

notes

....
....
....
....
....
....

嗅覺

氣味

準備及烘烤時的氣味
原料的氣味（奶油和奶醬）
香料味（香草）
焙烤味（焦糖）

成品

最初接觸
圓潤且帶甜味

辨識主導味
香草

分析
香料味（香草）
焙烤味（焦糖）

續味
焦糖

味覺

最初印象
主導風味：香草
味道的純度
圓潤

第二印象
五感的一致性

分析

感知到的風味
原料風味（奶油、奶醬）
香料味（香草）
焙烤風味（焦糖）

聽覺

切下時

發出的聲音
酥脆
硬脆（酥皮表面）

品嘗時

發出的聲音
酥脆
硬脆（酥皮表面）

觸覺

質地

固體部分
具層次
硬脆

對比
奶醬和千層派皮間

厚實部分
濃郁（打發香草
甘納許）

享用時機
立即享用

融化部分
柔軟（焦糖小點）

終味
和諧

notes

93

千層派
入口即化的香草焦糖

打發香草甘納許及香草焦糖細粉

打發香草甘納許及香草焦糖細粉
參見聖多諾黑
第 24 頁

依聖多諾黑中的配方和步驟，製作打發香草甘納許及香草焦糖細粉。

反折酥皮

反折酥皮
參見聖多諾黑
第 24 頁

依聖多諾黑中提到的配方和步驟製作反折酥皮。

裁切：將酥皮擀成1.5公分厚、約38公分寬的大小。用切刀沿著酥皮的長邊切成長條（形成長38公分的長條），再對切成半（形成長19公分的長條），整齊排放在鋪烘焙紙的烤盤。以170°C烤約四十分鐘。當酥皮烤至金黃後取出，在表面均勻撒上香草焦糖細粉。再放回烤箱中以170°C烘烤三至四分鐘，使香草焦糖細粉徹底融化。出爐，放至完全冷卻。

軟焦糖

軟焦糖
粗估總重 505 克
（約每個 50 克）
細冰糖 140 克
葡萄糖漿 110 克
水 30 克
奶油 20 克
鹽之花 1 克
蜂蜜 20 克
超高溫瞬間殺菌
（UHT）鮮奶油（乳脂肪含量 35%）185 克
香草粉 0.5 克

在鍋中，將細冰糖、葡萄糖漿和水混合製作焦糖。過程中，在焦糖顏色還很淺，正要開始轉為褐色時（160°C），慢慢加入事先加熱的鮮奶油及香草粉拌勻，使其冷卻降溫。再加入奶油、蜂蜜及鹽之花攪拌融化，續煮至120°C做成軟焦糖。將軟焦糖盛裝至另一個容器中，放室溫保存。

組裝

將三片表面焦糖化的千層派皮放到架上備用。使用攪拌機，以打蛋球打發香草甘納許。把打發香草甘納許裝入擠花袋，無需放擠花嘴，從擠花袋的尖端量測一邊70公釐，另一邊45公釐，再依量測的兩側

斜邊裁切出猶如聖多諾黑擠花嘴的斜口。如圖片所示將打發香草甘納許擠在每片千層派皮上。將軟焦糖裝入擠花袋，同樣如圖片所示，在每片千層派皮的側面擠上焦糖圓點。接著，沿著千層派皮的長側邊，將軟焦糖擠在打發香草甘納許上，擠好兩片。第三片是作為展示的最上層不用擠。使用小篩網，在每層表面撒上香草粉。將三片千層疊起來，並確定是穩固的。完成後可以直接享用，剛焦糖化的酥皮與立即擠上的滑順打發甘納許，新鮮的永遠最好吃。

只要我們夠細心，
就能聽到甜點想要溫柔送進我們耳朵的歌聲。

摩擦嘶嘶聲：音調

　　就像踩踏在新雪裡的腳步聲，甜點或簡單巧克力慕斯裡的泡沫質地會發出柔和的摩擦嘶嘶聲。那是充滿空氣的膨鬆質地，也是輕盈口感的徵兆。驟然發出的聲響，或是慢慢釋出甚至幾乎不存在的聲音，在甜點品嘗中都存有重要意義。在此階段尤須仔細觀察，琢磨細節才能有所察覺。酥酥脆脆的聲音會率先浮現在腦海是有道理的，因為它們在大腦中的印象根深蒂固，就如之前所提到。或許沒有任何聲響在某程度上也是一種完美的形式，代表著落刀切下的過程中沒受到障礙物的干擾。然而很多時候，那些柔和、微妙的聲音為我們帶來愉悅的情緒與感受。不知不覺的情況下，這些聲音細節會讓我們沉浸甜蜜的想像情境中，帶我們重返童年的記憶裡，為我們充飽能量迎接未來的挑戰。

　　在繼續探討之前，建議您先了解這道甜點，它蘊含各種各樣的聲音，也是本書中唯一的大型蛋糕：復活節大蛋糕。

巧克力慕斯蛋糕

(l'entremets mousse au chocolat)

人們喜歡以復活節為藉口吃它，我們將從甜點品味學的角度出發，探討這道老少咸宜的基本甜點：巧克力慕斯蛋糕。

歷史

它與之後會提到的巴巴起源很相似，都和法國國王有關，只不過這次是路易十六。他的瑞士甜點師查爾斯・法茲（Charles Fazi）是首位製作出這種充滿空氣感巧克力糊的人——「慕斯」這個名詞是之後才被創造出來的，從一八二〇年開始，烹飪書籍中才有文字記載，之後由於自家廚房都可製作，逐漸變得更加普及。慕斯主要是由兩種基本成分組成——巧克力和蛋白——能帶來多端變化。而加了可可、蛋白和奶油的版本，則歸功於土魯斯（Toulouse）畫家勞翠克（Lautrec）。您也可以搭配不同的巧克力類型和來源，甚至可以添加打發鮮奶油、牛奶或香料做變化。對於以下的巧克力慕斯配方及有關聽覺的部分，我們將選用半個巧克力蛋殼的形式來呈現。就讓我們專注地探索那些會讓耳朵驚喜的元素吧！

甜點的美妙聲音

想像一下在山裡的冬日清晨。揹起行囊離開小木屋，穿上雪靴，踩踏上徹夜落下的新雪。山上的寂靜被腳下嘎吱嘎吱的踩雪聲打斷……聽見了嗎？嗯，這正是我用甜點匙舀下巧克力慕斯時，感受到的聽覺情境。那層慕斯冷卻時表面形成的固體薄

膜深得我心，沒有人能阻擋的了我搶先第一個挖下它！穿透慕斯的摩擦聲，就如同我們在品嘗或切酥皮時的酥脆感知一樣，會多增生出一種味道。這聲音也說明了慕斯內部有著打發的空氣感而且冰得夠硬。為了增加這個聲音的不同面向，當您的出匙攻掠這道復活節甜點時，首先會從穿透一層薄薄的可可粉開始，然後在巧克力殼的觸及中結束它的旅程，巧克力殼會因施加壓力裂開，發出清脆的響聲！

五感饗宴

不同的成分造就不同口感。除了外型同樣具有復活節彩蛋的驚艷視覺之外，巧克力的硬脆感也為品嘗帶來不同的層次韻味。最後調製成泡沫狀的慕斯，與堅硬的外殼呈現出鮮明對比。在味道方面，當然是濃郁飽滿的焙烤巧克力味為主導地位，不過由於慕斯輕盈的口感，不會讓您的味蕾飽和。一旦到達巧克力外殼，您所要做的就是陶醉於它的綿密內餡。復活節不應該只是受小孩子歡迎的節日，對嗎？

品嘗時機

如果想為復活節挑選應景甜點的話，這道甜點再適合不過了，除了復活節之外，您也可以在美好的春假時節享受它。具有特色和視覺效果的甜點，也值得在美食餐廳裡出現！

最佳巧克力慕斯蛋糕

Christophe Michalak :

16, rue de la Verrerie・75004 Paris

**La Goutte d'Or,
Yann Menguy :**

跟克里斯多福・米夏拉克一樣，他也製作出一款加入帕林內、皮耶蒙特（Piémont）的榛果醬、奶酥及焦糖榛果的黑巧克力慕斯。

183, rue Marcadet・75018 Paris

Cyril Lignac :

在二〇二一年，他的限量復活節蛋糕是以柔軟的蛋糕體及榛果脆、牛奶巧克力奶霜、輕爽版的檸檬凝乳及糖煮檸檬、巧克力亮面及堅果所組成。

133, rue de Sèvres・75006 Paris
24, rue Paul-Bert・75011 Paris
55, boulevard Pasteur・75015 Paris
2, rue de Chaillot・75016 Paris

巧克力慕斯蛋糕

感知品味描述

視覺

整體外觀

展示
(擺盤或甜點櫃)
重新詮釋
原創性

創作
不同形狀或擺放方
式不同的創新

顏色

色調
深棕色

大小與比例

平衡
巧克力／慕斯的比
例
蛋糕的整體
入口的整體感受

可見度
所有成分

組裝
短暫

光澤

表面
頂層上方的灑粉
巧克力蛋的光澤

表面結構

表面的口感作用物 **裝飾**
最後的霧面處理 巧克力圓頂

notes

切片

整體性
呈現整體蛋糕的經典特色

嗅覺

氣味

準備及烘烤時的氣味
原料的氣味（巧克力）
焙烤味

成品

最初接觸　　　　**辨識主導味**
鮮明且濃郁的氣味　巧克力

分析
原料的氣味（巧克
力）
焙烤味

味覺

最初印象　　　　**第二印象**
主導風味：巧克力味　五感的一致性
味道複雜度
圓潤

分析

感知到的風味
原料風味（鮮奶油）
焙烤風味（巧克力、可可）

聽覺

切下時

發出的聲音
硬脆（巧克力殼）
磨擦聲（慕斯）

品嘗時

發出的聲音
硬脆（巧克力殼）

觸覺

質地

固體部分　　　　**對比**
硬脆（巧克力殼）　在殼及慕斯間

膨鬆　　　　　　**享用時機**
泡沫狀（巧克力慕　立即享用
斯）

終味
和諧

notes

復活節蛋糕

（兩人份）

以下包括巧克力殼配方，也可以單只製作巧克力慕斯就好。

黑巧克力殼

總重 200 克
黑巧克力 (可可含
量 60%) 200 克

　　將巧克力融化到45至50℃，冷卻降溫到28至29℃，接著再反覆進行巧克力調溫，直到溫度到31至32℃。將調溫過的巧克力倒入14公分高的蛋形模具內塑型，製作兩個巧克力蛋殼。一旦巧克力結晶成形凝固後，輕輕地脫膜。用裝入擠花袋的調溫巧克力，擠少量在烘焙紙上，然後黏貼巧克力蛋殼，這樣就能呈水平固定了。靜置幾小時結晶備用。

巧克力慕斯

總重 510 克
蛋黃 70 克
白砂糖 50 克
黑巧克力 (可可含
量 64%) 130 克
鮮奶油 (乳脂肪含
量 36%) 260 克
香草粉 1 克

　　在攪拌缸盆裡使用打蛋球，將蛋黃與糖打發成沙巴雍。以微波爐加熱融化巧克力至50℃。在另一缸盆裡，用打蛋球打發鮮奶油和香草粉。注意鮮奶油的打發狀態，它必須是快要打發但還是液態的狀態，過度打發會導致油水分離。將融化的巧克力加入沙巴雍，立即用打蛋器攪拌，以免巧克力在盆底結塊。然後用橡皮刮刀，將打發鮮奶油與其快速攪拌混合均勻。注意動作要迅速，慕斯很快就會凝固。

組裝

　　將巧克力慕斯倒入巧克力殼至填滿。接著用刮板舀取適量慕斯添加在表面，塑型成船舟般的形狀，如圖片所示。可增加的裝飾：如果您願意且擁有所需的巧克力噴槍設備，可以在此階段將巧克力慕斯放入冰箱冷藏幾分鐘後，噴上黑巧克力和可可脂的混合物，200克便足夠了，營造霧面細粒質感。

　　最後撒上少許可可粉，使用麥果普連刨絲刀刨入黑巧克力屑，並用生杏仁裝飾。巧克力慕斯是冷藏的甜點，從冰箱裡取出後立即享用，才能充分感受該有的口感。

le
toucher

觸覺

增進美味的質地

我們來到了第四種感官，也就是觸覺：
更精準的說，就是品嘗。

經典的質地組合

在仔細觀察了蛋糕，吸收了它的香氣，也許還有製備過程所散發的其他味道，並且進入聽覺的角度去傾聽探索。這過程中您不只有好心情，還有無比的好奇心……而在這些第一次接觸之後，您正邁入下一個極其重要的步驟：發掘質地。

無論是用嘴巴咬的還是用甜點匙，甜點都會藉由不同的質地顯露其結構與空間組成。

我們可以區分出幾個分類，從最緊實到最鬆散：

- 固體質地：從硬脆到鬆脆，經過易碎的、酥脆的、顆粒狀的和片狀的這些質地。
- 厚實質地：從厚重、油膩或濃稠到糖漿狀。
- 融化質地：從滑順、鬆軟、柔軟、到有彈性至基本上是流動狀。
- 液體質地：從多汁到乳化。
- 膨鬆質地：如慕斯、奶醬、沙巴雍或甚至冰淇淋。

甜點師的所有工藝都是藉由這些口感來創造、傳達出情感及獲得反饋。

- 例如，甜點師是否藉由結合硬脆和半熟口感來進行對比？甚至可以利用液態和融化的質地來引發驚喜。
- 這些口感效果是否很短暫，例如巧克力外殼會在倒入熱巧克力的作用下瞬間融化，從而引入時間性的效果？
- 這些最初相互對立的不同質地，最終會在口中結合以延續美味的愉悅感，就像千層派一樣，酥皮會逐漸消失，取而代之的是奶醬的滑順口感！

當然，這些和諧或對比是為了帶來更好的風味，並作為味覺愉悅的催化劑。我們將探索一些口感的密切關聯，這些關聯見證了觸覺在甜點中的重要性。

———————

讓我們從一個期待已久的經典象徵開始：巴黎－布列斯特！

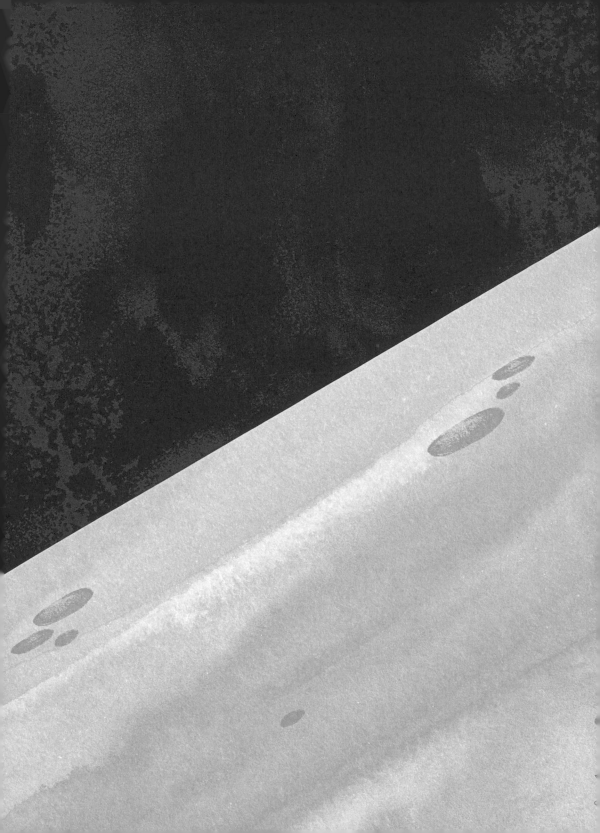

巴黎－布列斯特

(le paris-brest)

儘管它以厚重且有些過時的經典甜點而聞名，但在幾十年內，儼然已成為偉大甜點師的象徵：巴黎－布列斯特。

歷史

巴黎－布列斯特的誕生據說與自行車賽有關：一九一〇年由邁松拉菲特（Maisons-Laffitte）的甜點主廚路易・杜蘭（Louis Durand）為自行車競賽所創作出來的象徵甜點，隨後成為世界知名的經典法國甜點。環狀的外形——自行車輪胎——喚起了接下來即將品嘗到的圓潤感。

質地組合

因此，在陳列的櫥窗中看到它時，最先吸引您的是視覺效果。巴黎－布列斯特值得令人印象深刻：金色的環狀泡芙，撒上杏仁片與糖粉，若是傳統版會在裡頭填入焦糖堅果口味的穆斯林奶油餡。而現在即

便外形沒有嚴格的形式，但自行車輪胎的圓環形狀仍是經典象徵，形象根深柢固，現在外形有時像是巴斯克十字架、小泡芙串起的項鍊，甚至是閃電泡芙的形狀。

然而，就算外觀與以往已完全不同，但它的口感也就是觸覺，仍是巴黎－布列斯特本質演繹的要素。像成功再現法式甜點的著名甜點大師菲利浦・康帝辛尼（Philippe Conticini），以現代口味重新詮釋，讓它從法式傳統甜點中脫穎成為當代逸品，這主要歸功於內餡風味的提升：焦糖堅果醬的夾餡！我們都知道泡芙若是沒確實烤熟，或未能即時食用的話，就會有一種令人生厭的偏軟口感。不過，多虧帶顆粒感、好吃到令人髮指的焦糖堅果醬內餡，使巴黎－布列斯特展現出對比的驚喜，讓人吃完充滿罪惡感。其他的成分，如底部的焦糖杏仁脆餅、一片巧克力、一塊帕林內薄脆餅碎或脆皮、奶酥、表面的

堅果碎，也能增添質感，使其更具現代感。

最後在甜點餡上，為了讓口感更清爽、更膨鬆，形成質地的對比，傳統上以奶油為基礎的穆斯林奶油餡，則由外交官奶醬取代。

在重新詮釋經典方面，甜點師的想像力與創造力是無限的，為的就是跨越時代重新創作。

五感饗宴

這些我們吃進嘴裡的不同質地，經由口感與其他感覺的相互作用得到延伸，也就是味道的對比！現今重新詮釋的版本，將巴黎與各地城市連結的甜點並不少見，像是巴黎－東京、巴黎－紐約甚至巴黎－芒通（Menton）……光是提到這些目的地，幾乎可以想像等待著我們的是什麼了，不是嗎？由於芝麻、核桃甚至是檸檬新口味的出現，也意謂著巴黎－布列斯特仍持續演繹，特別是添加柑橘類水果的風味、酸度，與帕林內相互平衡帶出的圓潤感。

嗅覺儘管在品嘗過程中並不如其他感官明顯，但在具有焦糖堅果風味的帕林內奶醬的奶油味和烘烤味來說，是十分重要的，若還涉及到其他堅果，更是如此。最後，稍停留幾秒鐘，聽著匙壓切下時爽脆且膨鬆的奶醬聲，保證接下來會是美好品嘗感受！

品嘗時機

這不是一道餐後甜點；它太複雜了，最好在空出胃的時候才能好好欣賞。它是一款適合下午茶時間愜意享用的甜點，搭配柑橘香味的茶或較清淡和微酸的咖啡，可以在不搶味的情況下襯托出它迷人的風味。還有別忘了使用餐具喔！有些等不及、趕時間的貪吃鬼在買了它之後，就迫不及待在街上邊走邊吃，這些人的鞋子上頭都滴有奶醬的痕跡了吧！無庸置疑，坐在爐火旁的老式單人皮革沙發，聆聽著爵士樂，是最適合品嘗它的地方！

不可錯過的巴黎－布列斯特

Pâtisserie Durand：

屹立不搖的原創甜點店仍保留
這道經典，現今仍可以在
這裡品嘗得到。

9, avenue de Longueil・78600 Maisons-Laffitte

Maison Philippe Conticini：

它在夢幻甜點店（Pâtisserie des Rêves）的重新詮釋，以添加帕林內的內餡而聞名。

Yann Couvreur：

最美味、也是我在巴黎的最愛。

137, avenue Parmentier・75011 Paris
22 bis, rue des Rosiers・75004 Paris
25 rue Legendre・75017 Paris

巴黎－布列斯特

感知品味描述

視覺

整體外觀

展示
(擺盤或甜點櫃)
優雅
可口

創作
個人風格（加入帕林內）

顏色

色調
淡色（象牙白及金黃）
經典顏色

烘焙程度
為有更多風味和結構而烤透的泡芙

大小與比例

平衡
蛋糕體／奶醬的比例
蛋糕的整體
入口的整體感受

烘焙膨脹
膨脹良好（泡芙充滿膨脹）

可見度
只有某些成分（內部的堅果）

組裝
短暫（由於奶醬過於滑順）

光澤

表面
對比（脆皮及糖粉的存在）

表面結構

表面的口感作用物
脆皮

切片

整體性
呈現整體蛋糕的經典特色

驚喜
隱藏成分（帕林內的流心餡及堅果的存在）
壯觀的成分

---

notes

嗅覺

氣味

準備及烘烤時的氣味
原料的氣味（奶油及牛奶）
焙烤味（焦糖、堅果、榛果及杏仁）

成品

最初接觸
圓潤且帶甜味

辨識主導味
帕林內

分析
原料的氣味（奶油、牛奶）
焙烤味（焦糖、堅果、榛果及輕微杏仁味）

續味
奶油、焦糖

味覺

最初印象

主導風味：帕林內
純粹
口中輕微油膩感
充滿圓潤感

第二印象
五感的一致性
感知到的新成分（少許鹽）

分析

感知到的風味
原料風味（奶油、牛奶、鮮奶油、糖）
焙烤風味（純的及焙烤過的帕林內風味）

聽覺

切下時

發出的聲音
酥脆（泡芙）
鬆脆（堅果）
磨擦聲（外交官奶醬）

品嘗時

發出的聲音
酥脆（泡芙）
硬脆（堅果）

觸覺

質地

固體部分
酥脆（泡芙及脆皮）
鬆脆（堅果）
顆粒感（脆皮）

對比
介於泡芙和奶醬之間，介於奶醬和帕林內之間

融化部分
滑順（外交官奶醬）
流動感（帕林內）

享用時機
不須立即享用

終味
和諧

notes

· · · · · · · · · · · · · · · · · · · ·
· · · · · · · · · · · · · · · · · · · ·
· · · · · · · · · · · · · · · · · · · ·
· · · · · · · · · · · · · · · · · · · ·
· · · · · · · · · · · · · · · · · · · ·

巴黎－布列斯特

泡芙麵糊

總重 500 克（兩個）
T55 麵粉 90 克
細鹽 3 克
奶油 75 克
白砂糖 3 克
全蛋（A）135 克
水 165 克
全脂牛奶 15 克
全蛋（B）15 克

　　將水、牛奶、鹽、糖和奶油放置鍋中加熱煮沸，離火後加入麵粉，充分攪拌均勻。再次以小火進行加熱，並攪拌麵糊漸漸收乾，持續約兩分鐘至不沾鍋子成團（不會沾黏在鍋的邊緣及勺子上。）將煮好的麵糊倒入攪拌缸，以低速攪拌，持續收乾麵糊。維持低速，分次加入（A）的全蛋，每一次加入後都要攪拌均勻，才能再加下一次繼續攪拌。（理想情況下，加入雞蛋時，麵糊的溫度應低於63℃，防止蛋液凝結。）當所有（A）的全蛋都加入攪拌後，泡芙麵糊質地應該呈鳥嘴狀。若不是的話，可以使用（B）的全蛋觀察狀態來調整質地。完成後將泡芙麵糊填入擠花袋（裝有直徑22公釐的圓形擠花嘴）。使用噴霧油罐，在直徑16公分的圓形環模內側噴上一層油。沿著環模的內側擠上一圈泡芙麵糊。將環狀脆皮覆蓋在泡芙麵糊表面。

烘烤泡芙

· 使用非對流烤箱的話，將溫度調在170至175℃間，約烤七十五分鐘至泡芙呈明顯金黃色。注意絕對不能在烘焙中途打開烤箱，泡芙可能會塌陷萎縮。

· 使用對流烤箱的話，可將烤箱預熱至210℃，將泡芙麵糊放入烤箱後關閉電源。烘烤約三十至三十五分鐘後，待泡芙膨脹且開始上色，可以再開烤箱至175℃讓泡芙繼續烤至上色（家用烤箱的建議方式）。將巴黎－布列斯特放置冷卻，以便組裝。剩餘的泡芙麵糊也可以用來製作小泡芙（chouquette）。

原味脆皮

總重 100 克
奶油 30 克
麵粉 30 克
紅糖 40 克

　　使用微波爐加熱使奶油軟化。先加入糖拌勻，再加入麵粉混合拌勻，不要過度攪拌。將兩張烘焙紙上下覆蓋麵團，用擀麵棍擀開成薄片

（厚1至1.5公釐）。壓切出直徑16公分的圓形脆皮，然後在圓形脆皮中央再壓切出直徑14公分的另一圓形，去除，形成中空環狀。將環狀脆皮放入冷凍室保存，烘烤前取出，覆蓋在泡芙麵糊表面，再放入烤箱。

杏仁及榛果帕林內

總重 400 克
（每個約 120 克）
帶皮榛果 180 克
帶皮杏仁 90 克
白砂糖 135 克
鹽之花 1 克

將杏仁和榛果放入對流烤箱中以160℃烤約十三至十四分鐘。用糖和鹽花製作乾式焦糖。當焦糖開始冒煙，有光澤且呈液態時，將焦糖倒至烤好的堅果上使其裹覆，平鋪放涼備用。先取出最後裝飾要使用的量（每個甜點需要20克的焦糖堅果）。待其他剩餘的焦糖堅果完全冷卻後，將其壓碎並放入攪拌機中打碎研磨，直到呈略流動但鬆脆的質地。將製作好的帕林內裝入擠花袋中備用。

香草甜點師奶醬

總重 300 克
全脂牛奶 255 克
香草粉 1 克
白砂糖 50 克
蛋黃 45 克
玉米澱粉 20 克
T55 麵粉 10 克
奶油 20 克

將牛奶和香草粉放入鍋中煮沸。將蛋黃和糖打至發白。加入麵粉和玉米澱粉攪拌均勻。將少許煮好的熱牛奶加入拌勻的麵糊中，拌勻，再倒回熱牛奶的鍋中。用中火加熱並不斷攪拌二至三分鐘，直到變得濃稠且煮沸。離火，加入奶油並攪拌融合，再倒入另一容器裡。接觸覆膜，放置冰箱冷藏備用。

帕林內口味外交官奶醬

總重 600 克（兩個）
香草甜點師奶醬
290 克
香草粉 1 克
吉利丁 1 片
超高溫瞬間殺菌
（UHT）鮮奶油（乳脂肪含量35%）200 克
杏仁及榛果帕林內
100 克

將吉利丁放入冰水中浸泡，使其軟化。在攪拌機中以打蛋球攪打甜點師奶醬，直至完全光滑。過程中記得使用刮板刮缸。在攪拌機中以打蛋球打發鮮奶油、香草粉，打至質地堅挺。它會帶給外交官奶醬獨特的質地。取三分之一的甜點師奶醬加入瀝乾的吉利丁後，放入微波爐加熱。然後用打蛋器攪拌均勻。再重新倒回剩下的三分之二的甜點師奶醬中，並加入帕林內，用打蛋器混合拌勻。最後加入打發鮮奶油，用橡皮刮刀拌勻。此奶醬必須以相當迅速的手法製作，避免吉利丁結塊。擠花使用前，放入冰箱冷藏十二小時。

組裝

　　用麵包刀將巴黎－布列斯特橫剖切成上下兩半。在上層泡芙表面撒上裝飾雪粉（糖粉和玉米澱粉一比一）。在下層泡芙底部擠上帕林內（約85克）。並加入壓碎的焦糖堅果（約20克）。接著使用鋸齒擠花嘴，沿著泡芙圓環上，放射狀擠入外交官奶醬。在外交官奶醬上方，再擠上帕林內。最後輕輕地覆蓋上撒好雪粉的泡芙。

甜點的質地是師傅用來表達創作概念的工具。他／她可以打破經典的單調，賦予新的質感，或者從其他領域汲取靈感加以創新，跳脫甜點的世界，提升至藝術境界，甚至是來自原始的自然狀態。

輕盈的質地

因此，甜點中口感的相互作用傳達了很多關於甜點師的創作意圖，他的靈感來源有些也在視覺上嶄露了。組合口感的同時，還可以透過減輕甜點的重量、控制熱量攝取，調整成現代人的喜好。我們將運用甜點中不可或缺的成分，帶出更膨鬆空氣般輕盈的質地，例如慕斯或打發鮮奶油，運用簡單的食材透過打發至絕佳狀態，就能產生非常美味的效果。特別是蛋白霜，每個甜點師都得掌控好，才能將它活用在創意調色盤中。無論是法式、義式還是瑞士蛋白霜的作法，烤好的蛋白霜餅外皮都很脆，內部或多或少會帶點鬆軟。它可以讓您發揮創意做出各式型體，當然還有口感質地；以簡單的蛋白和糖創造出的口感表現，變化無窮，每每讓我驚喜不已！

───────

為此，我建議您找一位漂亮的年輕女孩：帕芙洛娃！

厚重的質地

介紹完帕芙洛娃後，我們即將進入本書尚未探索的領域：更厚實的口感，特別是甘納許。甘納許的質地狀態，會影響品嘗時的化口感，也就是說，透過甘納許在完成乳化或打發（打入空氣）狀態的口感呈現，甜點師甚至可以在質地不變，以及負責風味的分子氧化狀態不變的情況下，帶來新的深奧風味。

───────

我們將會看到如何用去除組裝結構下的巧克力塔，來複製口感和味道的效果（第124頁）。

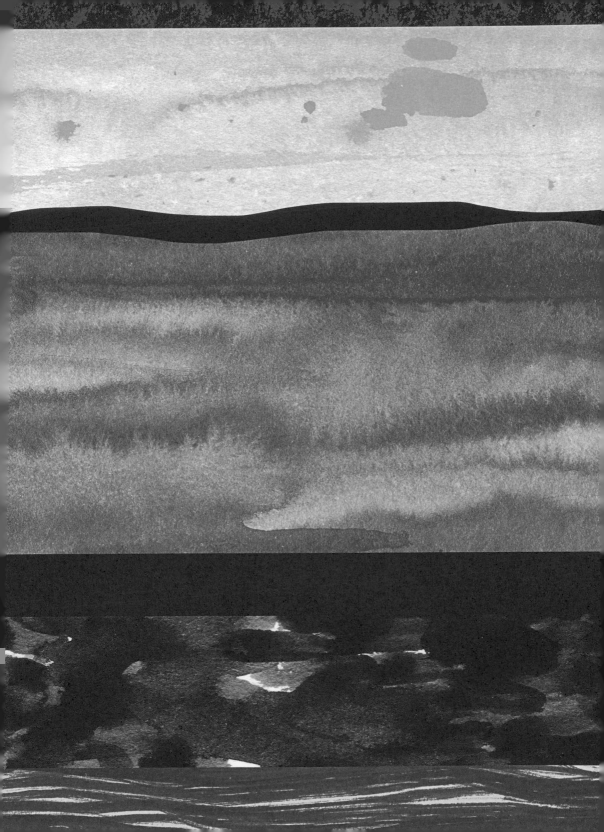

帕芙洛娃

(la pavlova)

這是一道不但沒被遺忘，反而更加廣為人知的甜點。它來自南半球，也讓澳洲和紐西蘭為其身世源頭爭論不休。

歷史

這種在蛋白霜餅基底上，加上打發鮮奶油和新鮮水果製成的甜點，出現在二十世紀初。是為了向優雅的俄羅斯芭蕾舞伶安娜‧帕芙洛娃（Anna Pavlova）致敬，以其為靈感並冠以同名創作的甜點；雪白又帶漩渦花紋的蛋白霜餅看起來就像是芭蕾舞裙的裙摺。在其他國家，也可以找到非常棒的蛋白霜－鮮奶油－水果組合，像是瑞士著名的超高脂鮮奶油（crème double）和覆盆子！近年來，帕芙洛娃在法國又重新燃起了人們的興趣，像是以它為主打甜點的品牌專賣店相繼問世，以及相關主題的書籍出版。

質地組合

從質地的角度來看，蛋白霜餅是一種非常獨特的產品：每一種蛋白霜的特性不同，就法式蛋白霜餅而言，它可以說是最輕盈鬆脆的，義大利蛋白霜餅的中心更柔軟（加入糖漿），但無論哪種作法，在帕芙洛娃內部形成的細孔組織，剛好可用來填裝打發鮮奶油和新鮮水果。當拿起甜點匙切下這漂亮的作品時，會同時切開它的三個組成，這也是食材相互作用最迷人有趣的地方：蛋白霜餅在您的味蕾微微融化時，與冰涼的鮮奶油、軟甜水果相互交融。帕芙洛娃通常是冷的吃，由於蛋白霜餅的質地輕盈，即使放冷藏，它傳達出的

冷感也比其他組成來得少，而材料的對比將被添加到這溫度的對比中，整體風味柔和而協調。

甜點師還可以運用不同種類的水果，像是水分多寡的搭配，用以調節並帶來更協調的平衡感。

五感饗宴

帕芙洛娃在很多方面都是對比鮮明的甜點，除了剛剛提到的口感對比，在許多方面也吸引其他感官。首先是視覺效果明顯的體積外觀，其明亮且帶季節性的色彩，與蛋白霜餅和鮮奶油的雪白形成了對比。也正是這些讓您的在匙落奶醬之際，還來不及注意之前，就發出嘶嘶的嘈雜聲音。甜點師也可以改變水果的組合，添加香料（如接下來會提到的配方），調整鮮奶油的口味，創新帕芙洛娃的形狀，跳脫傳統的圓形蛋白霜餅，或用細棒狀，或用如接下來的配方所建議的，用抹刀整型出不對稱薄片等不同的型塑方法，在奶醬與水果層之間交錯排列。很少有材料能在技術可達到的同時，構建出如此壯觀的立體造型，以及水果所帶出酸甜和香氣，風味合而為一的衝擊性視覺效果。

品嘗時機

帕芙洛娃在豐盛的餐點結束時，完美地找到所屬的位置，它與其他所有以水果為基礎的甜點一樣，可以讓我們吃得毫無顧忌。蛋白霜餅展現出它的存在感，還能減低吃甜點帶來的罪惡感。它也適合在正餐外享用，例如紅色莓果的盛產期，更是塔類點心的絕佳替代品。

不可錯過的帕芙洛娃

La Meringaie：

專賣帕芙洛娃蛋糕的先驅店，依季節推出不同產品或客製化服務。

21, rue de Lévis・75007 Paris
35, rue des Martyrs・75009 Paris
41, rue du Cherche-Midi・75006 Paris

Bontemps Pàtisserie：

以奶油餅乾聞名，還提供美味且分量十足的帕芙洛娃，並選用當季食材調整食譜。

57, rue de Bretagne・75003 Paris

帕芙洛娃

感知品味描述

視覺

整體外觀

展示
（擺盤或甜點櫃）
重新詮釋

創作
因形狀或擺放方式
不同的創新
個人風格

顏色

色調
鮮明

烘焙程度
淺白色的蛋白霜

大小與比例

平衡
蛋白霜餅／奶醬／
水果的比例
蛋糕的整體
入口的整體感受

可見度
隱藏成分（水果及
糖漬水果）

組裝
短暫

表面結構

表面的口感作用物
蛋白霜上的椰子粉

切片

整體性
呈現整體蛋糕的經典特色

notes

嗅覺

氣味

準備及烘烤時的氣味
水果味（紅莓類）
原料的氣味（鮮奶油、糖）

成品

最初接觸
新鮮且鮮明的氣味

辨識主導味
紅莓類

分析
水果味（紅莓類）
原料的氣味（鮮奶油、糖）
香料（黑醋栗芽）
植物味（黑醋栗芽）

續味
奶醬，黑醋栗芽
(bourgeon de cassis)

味覺

最初印象
主導風味：水果味
味道複雜度（由於黑醋栗芽的存在）
口中的新鮮感
對比

意外味道的存在

第二印象
五感的一致性

分析

感知到的風味
水果風味（紅莓類）
原料風味（鮮奶油、糖）
香料味（黑醋栗芽）
植物味（黑醋栗芽）

聽覺

切下時

發出的聲音
硬脆（蛋白霜餅）
磨擦聲（奶醬）

品嘗時

發出的聲音
酥脆（蛋白霜餅）
磨擦聲（奶醬）

觸覺

質地

固體部分
硬脆（蛋白霜餅）
易碎

液體部分
多汁（水果及糖漬水果）

厚實部分
濃郁（打發鮮奶油）

對比
介於三種組成間

融化部分
滑順（打發鮮奶油）

享用時機
立即享用

終味
和諧

notes

紅莓帕芙洛娃

（可製作兩個兩人份）

法式蛋白霜餅

總重 400 克
蛋白 130 克
白砂糖 140 克
糖粉 130 克
椰子粉 50 克
黑醋栗芽 10 克

使用攪拌機以低速攪拌蛋白。當蛋白開始發泡時，加入少許白砂糖。提高攪拌機的轉度，慢慢加入糖，持續打發蛋白至呈現漂亮的鳥嘴質地。糖粉過篩，用橡皮刮刀輕柔地拌入打發蛋白霜。將烤箱預熱至110℃。將蛋白霜在烤盤上抹平，厚度約5公釐。撒上磨碎的椰子粉和粉狀的黑醋栗芽（預留一些裝飾）。在110℃下烘烤約十分鐘，接著調整溫度以80℃繼續烘乾蛋白霜一小時至一小時三十分鐘。

糖煮黑醋栗－覆盆子

總重 500 克
黑醋栗果泥 175 克
覆盆子果泥 175 克
白砂糖 50 ＋ 20 克
葡萄糖漿 25 克
NH 亮面果膠 5 克
青檸檬汁 40 克
吉利丁 1 片

將吉利丁片放入冰水中浸泡。在鍋中加熱兩種水果果泥、50克白砂糖和葡萄糖漿。在攪拌盆中，將NH果膠與20克糖混合均勻。當果泥混合物達到45℃時，加入糖及果膠的混合物，一邊加熱一邊攪拌。煮沸三分鐘，同時不斷地攪拌到均勻。加入瀝乾的吉利丁，然後加入檸檬汁拌勻。用手持式調理棒打勻，然後接觸覆膜，放入冰箱保存。

酸甜打發奶醬

總重 500 克
鮮奶油（乳脂肪含量 35%）200 克
伊思尼法式酸奶油 65 克
香草粉 1 克
白砂糖 20 克

覆盆子 125 克
草莓 250 克

在攪拌機的缸盆中，混合所有材料，用打蛋球攪拌，直到呈光滑濃稠的奶醬質地。將其填到裝有直徑10公釐的圓形擠花嘴的擠花袋中。
組裝：裁切出不規則的蛋白霜餅，大約8公分×12公分，製作帕芙洛娃需要用到三片。在每片蛋白霜餅周圍擠上酸甜打發奶醬。使用不帶擠花嘴的擠花袋，將糖煮黑醋栗和覆盆子，擠入填滿蛋白霜餅的中心。然後將切半的草莓及覆盆子，平放在兩片擠好糖煮果泥的表面，作為底層。用草莓和覆盆子協調地裝飾最上層。將三層往上疊起。堆疊時，每一層的中心必須被疊上的一層完全覆蓋。只看見最上層的水果，其餘部分是純白色的。輕輕撒上乾黑醋栗芽粉和幾片黑醋栗芽。

巧克力塔

(la tarte chocolat)

很難找到巧克力塔出現的可靠歷史，因為它可說是既簡單又複雜。簡單，是因為就只有兩個成分；複雜是因為可以展現出無限的變化。

歷史

　　甘納許的起源可以追溯到十九世紀中葉，據說是一名甜點學徒不小心將鮮奶油倒入融化巧克力中，為了掩蓋錯誤，便將兩者混合在一起。

　　甜點師發現了這拙劣的掩飾手法，憤怒罵了那個學徒傻瓜「甘納許（ganache）」，法語裡笨蛋的意思。然而甜點師發現這個混合物的味道意外地好，因而將它命名為「甘納許」。甘納許的基本形式是，以巧克力與鮮奶油以一定比例混合而成的乳化液體。也就是說，一種液體以微小液滴的形式穩定均勻地分散在另一種互不相溶的液體中。常見的是油性液體分布在水性液體中，或者反之也可行。而為了達到穩定的乳化，則需要藉助第三種的穩定成分：界面活性劑──沒錯，就跟洗碗精裡的成分一樣！當然用在食品中的乳化劑必須是食用性的，通常會是種蛋白質。在廚房裡大家最熟知的乳化液體，就是美乃滋了！

而在這裡是另一種類型：甘納許，其水相和油相之間的概念不太明顯，加上鮮奶油本身就是種乳化液體。

　　不同比例調配出的甘納許可造就出不同的口感與用途，其中最主要取決於選用的調溫巧克力，以及所添加的食材：鮮奶油、牛奶、奶油、轉化糖或蜂蜜、葡萄糖、果汁等。若再添加牛奶和吉利丁，就會得到一種口感介於甘納許與卡士達醬之間的濃滑奶醬（namelaka）──日語的意思是「超滑順」，甚至是在乳化液體中加入冷鮮奶油並加以打發，就成了打發甘納許。巧克力塔從一九八〇年代開始便被推向舞臺，並因巧克力濃厚風味而廣受歡迎。

質地組合

　　巧克力塔的外型簡單，然而整個品嘗過程卻能讓我們了解各種不同的質地。在食譜中，我們特別使用兩種類型的甘納許與

可可碎粒,以營造更多對比口感。因此,在切下後會經歷幾個阻力階段:酥脆,緊接著是非常稠密的粉狀甘納許,第二層是更柔滑的甘納許,然後是試圖阻撓我們切到底的甜塔皮阻力。烘焙得均勻,薄而堅實的塔皮,從塔表面留下的痕跡能明顯看出是使用帶孔塔環製作的。然後有時用手拿著一口咬下,讓人更有滿足感、覺得更美味,對吧?或許牙齒上會留下痕跡,但一開始因密度不同而呈對比的不同成分,會在您的嘴裡相互交融,濃醇馥郁甘納許漸漸化開,塔皮會一點一點地碎裂。

五感饗宴

巧克力塔的魅力在於它的外觀美感。烤得金黃的塔皮要薄,且塔緣要平整。內餡為了要呈現光滑且具光澤感的視覺效果,不能有氣泡,不能凹凸不規則,要如湖面般的平靜,又或者是完全相反的效果。若有大表面可進行裝飾的話,能結合更原創的裝飾,像是用堅果、奶酥甚至裝飾幾塊對比強烈的巧克力。接下來的配方中就選用了這種方法,去結構化的視覺效果令人印象深刻。而為了讓美味更升級,特別在裝飾添加了細粒的蜂蜜滴,創造顏色與光澤上的對比。這種塔的氣味會不自覺使人連結到強烈的巧克力特性,當然也會連結到它的產地。在品嘗過程中,不只是味蕾的直擊,撲鼻而來的香氣也直竄腦門。黑

巧克力的烘烤味、果香味及本身濃郁的滋味,又或者牛奶巧克力甚至白巧克力的乳香味和圓潤,都席捲而來。巧克力塔是讓優質可可豆展現不凡身價的好方法。

品嘗時機

巧克力塔對我而言就像「全方位」的甜點。不論在甜點店選購享用,匆忙吃下也能感受到巧克力的風味,或在星級酒店的午茶愜意享受,又或作為餐廳的甜點品嘗。最終都會帶來有如吃下巧克力的效果:香濃滑順的極致美味。成熟大人風味的甜點常以黑巧克力為搭配,至於吸引兒童的,適合以牛奶巧克力,或搭配糖漬水果、帕林內等口味製作。

最佳巧克力塔

Jacques Genin:

獨特的巧克力帕林內與刺山柑(câpres)的口味搭配!

133, rue de Turenne・75003 Paris
27, rue de Varenne・75007 Paris

Jean-Paul Hévin:

使用頂級莊園巧克力製作。

231, rue Saint-Honoré・75001 Paris
41, rue de Bretagne・75003 Paris 3,
rue Vavin・75006 Paris
23 bis, avenue de la Motte-Picquet・75007 Paris

巧克力塔

感知品味描述

視覺

整體外觀

展示
（擺盤或甜點櫃）
整齊精緻
重新詮釋

創作
因形狀或擺放方式
不同的創新
個人風格

顏色

色調
深咖啡色及金黃色
（蜂蜜）

烘焙程度
完全烤透

大小與比例

平衡
甘納許占大部分比
例
蛋糕的整體
入口的整體感受

可見度
所有成分
. . . .
組裝
穩固

光澤

表面
呈粉狀，與蜂蜜滴形成對比

表面結構

表面的口感作用物
可可碎粒與可可粉

notes

切片

整體性
呈現整體蛋糕的經典特色

嗅覺

氣味

準備及烘烤時的氣味
原料的氣味（奶油及鮮奶油）
香料味
焙烤味（黑巧克力）

成品

最初接觸　　　　**辨識主導味**
圓潤且帶甜味　　　巧克力

分析
香料味
焙烤味（黑巧克力）

味覺

最初印象　　　　**第二印象**
主導風味：濃郁巧　五感的一致性
克力味　　　　　　感知到的新成分
味道複雜度（巧克　（第二層甘納許）
力香氣）
口中帶油膩感
圓潤

分析

感知到的風味
水果風味（Manjari巧克力）
原料風味（奶油及鮮奶油）
香料味（巧克力）
焙烤風味（巧克力）

聽覺

切下時

發出的聲音
酥脆（塔皮和酥粒）

品嘗時

發出的聲音
酥脆（塔皮和酥粒）

觸覺

質地

固體部分　　　　**液體部分**
酥脆（塔皮）　　　多汁（裝飾用蜂蜜）
易碎（酥粒）粒狀
　　　　　　　　　對比
厚實部分　　　　塔皮、甘納許和酥
濃郁（上層甘納許）粒間

融化部分　　　　**享用時機**
滑順（下層甘納許）不須立即享用

　　　　　　　　　終味
　　　　　　　　　和諧

notes

巧克力塔

（六人份，直徑20公分×高2公分）

可可甜塔皮

總重 200 克
奶油 55 克
糖粉 30 克
全蛋 20 克
T55 麵粉 80 克
可可粉 5 克
細鹽 1 小撮
杏仁粉 10 克
可可脂 10 克

　　使用帶有葉槳的攪拌機，在攪拌缸中將奶油、糖粉、麵粉、鹽和杏仁粉攪拌成砂粒狀。分次慢慢地加入全蛋攪拌融合。最後加進可可粉拌勻。將麵團移到工作檯上，以掌根揉麵，使粉油更加融合，確保麵團整體混合均勻。整型成長方形麵團，用保鮮膜包好，放入冰箱中鬆弛一小時。將麵團用擀麵棍擀成2至3公釐厚，然後切出一個直徑24公分的圓形麵皮。放回冰箱中冷藏幾分鐘，再將麵皮鋪放入直徑20公分的塔環，輕輕按壓貼合整型並修除多餘的部分，塔環內側需事先塗刷上奶油。在對流烤箱中以165°C烘烤約二十分鐘。烤好出爐，待放涼後脫除塔環，用刷子在塔內側塗刷上融化的可可脂，防止塔皮變濕軟。也可以用融化的黑巧克力代替可可脂。

黑巧克力奶霜

總重 200 克
全脂牛奶 110 克
鮮奶油 25 克
蛋黃 35 克
白砂糖 15 克
果香的巧克力（可
可含量 65%）65 克

　　將牛奶、鮮奶油和糖放入鍋中煮沸。取一部分倒至蛋黃中，用打蛋器攪拌均勻。再重新倒回原鍋中，一邊攪拌一邊加熱至82°C，如同煮英式蛋奶醬一般。將其倒至巧克力上輕柔地混合後，用手持式調理棒攪拌均勻。將冷卻後的奶霜倒入烤好的塔皮裡，高度同塔的上緣。

奶油風味黑巧克力甘納許

總重 300 克
鮮奶油（乳脂肪含
量 35%）110 克
香草粉 1 克
黑巧克力（可可含
量 64%）130 克
蜂蜜 20 克
奶油 40 克

　　將鮮奶油、香草粉放入鍋中煮沸。若有必要，稱量混合物並加入冷鮮奶油補足至原有重量，使奶醬維持相同重量。以微波爐加熱融化黑巧克力。分三次加入熱鮮奶油至融化的巧克力及蜂蜜裡，製作甘納許。待冷卻至45°C，加入小塊奶油，然後用手持式調理棒攪拌使其乳化。將甘納許倒入高度不超過2公分的框模中。放置於室溫下二十四小時，使其熟成結晶。

鹽之花可可酥粒

總重 150 克
T55 麵粉 10 克
奶油 25 克
紅糖 40 克
杏仁粉 40 克
鹽之花 5 克
可可粉 5 克
可可碎粒 30 克

全花蜂蜜 20 克

將可可碎粒在破壁機中攪打幾秒鐘製成粉末。加入其餘的所有材料混合，直到整體混合均勻。可使用美善品（Thermomix）或同等級的料理機來進行，也可以使用攪拌機加上葉漿。用兩張烘焙紙上下覆蓋，將攪拌好的混合物擀成3至4公釐厚。以140°C烘烤二十分鐘，將烤盤調頭後，繼續烘烤二十分鐘。

裝飾

將黑巧克力甘納許脫模。切出各種不同大小的幾何形狀，和諧地鋪排在塔上。完成甘納許裝飾後，再將烤好的可可酥粒撒放整個塔上。整體撒上可可粉。最後使用切口非常小的擠花袋，擠上蜂蜜小水珠。巧克力塔要回溫後食用。

法式布丁塔

(le flan pâtissier)

介於巴黎－布列斯特的滑順流動感、帕芙洛娃的短暫硬脆與巧克力塔的酥脆滑順的質地之間，一種能切開分享的甜點，尤其是它的質地：我指的是布丁塔！

歷史

如果說有種甜點給幾世代人帶來創傷，那肯定非布丁塔莫屬了。事實上，不得不為它長久以來，被工業化的食品工廠大量生產，不公平地僅限於麵包店或食堂中出現而抱屈。而其中有許多是以粉末、調味劑和著色劑的即用型預拌粉製作，無形中損害了這種傳統甜點的聲譽。在麵團基底上，添加甜點師奶醬製成的甜點，最早可以追溯到中世紀的法國海峽對岸。此後也在世界許多國家發展出各式的版本，從葡萄牙的葡式蛋塔（pasteis de nata）到中國的蛋塔。在法國，我們所稱的「巴黎布丁塔」或「法式布丁塔」是指一種邊緣滿高的塔、填裝的是煮熟的奶醬，傳統上使用的都是加入雞蛋，並加入香草增添香氣的奶蛋液。自從它誕生以來，布丁塔經歷了多重的變化，甚至有些甜點師使用優質的原料，製作出更簡單、回歸本質的成品。為此，隨之而來在巴黎掀起一場誰將

做出最好的布丁塔比賽，沿襲至今每年都會頒發一個官方頭銜。且不乏幾種趨勢相互角逐：法式酥塔皮還是法式千層酥皮？奶醬要加蛋還是不加蛋？香草口味還是以帕林內或開心果口味來重新詮釋？受到社群媒體的影響，布丁塔吸引了美食愛好者，現在它可是星級酒店菜單上的餐點呢！對「麵包店的蛋糕」來說，這算是一次漂亮的回擊，可不是嗎？

質地組合

布丁塔的味道非常基本，在大多數情況下，並不能用來辨別好壞。

最重要的決定性因素是質地。讓我們先從底層麵皮說起：法式布丁塔的基底主要有，法式酥塔皮或是法式千層酥皮，而這取決於想要的是質樸還是精緻的效果。但最重要的仍為麵皮的烘焙程度，考量到恰到好處的內餡分量，有時這是棘手的步

驟。塔皮應該是金黃色、酥脆甚至焦糖化的，才能提襯並協調奶醬的質地。然而食品工業生產用的現成奶醬粉，有時會有偏硬且黏的質地。但其實當布丁塔內餡呈奶霜狀，才會展現出它的潛力。至於基底的塔皮，一般偏好的是有點硬但又不會太厚，它之於內餡的感覺，就像要先穿透一層薄膜才能到達香草奶醬般。

五感饗宴

法式布丁塔具有簡單的美感；不同的塔皮厚度，或使用不同的塔皮，如果使用的是千層酥皮，塔皮將會有漂亮的層次。塔的外緣及內餡表面帶有漂亮的金黃烤色，就是烘焙良好的象徵。透過切下過程中發出的聲音，能從中判斷得知塔皮是否烤得完美均勻，甚至有時會在裡面發現驚喜，那可能是另一種充滿香氣的內餡，或是使用香草籽散發出的豐富香草味。每款甜點都有各自屬性，要在常溫品嘗，這樣牛奶、奶醬和香草的風味才能充分展現，才能吃到它最棒的風味。接著散發在口中，那入口即化連結出的相關味道，瞬間帶我們重返童年。

品嘗時機

布丁塔是一道成分組成相當均衡的甜點。無論是單人份、現買現吃，或是用來招待客人與親友聚會分享的點心，它總能帶來品嘗的美好時刻。您還可以在星級酒店午茶時光品嘗到它，一種結合童年回憶和奢華午茶的新嘗試！

最佳布丁塔

Quentin Lechat au Royal Monceau：

這位甜點師在舊市場區的諾富特酒店（Novotel des Halles）主理私人花園（Jardin Privé）時，曾獲巴黎最佳布丁塔的頭銜；在這裡可以找到重新詮釋的版本。

37, avenue Hoche・75008 Paris

Julien Delhome à l'Hôtel du Louvre：

它的版本有著美味的塔皮、類似乳酪蛋糕餅乾的感覺。

Place André-Malraux・75001 Paris

La Goutte d'Or, Yann Menguy：

在這裡可以找到當時為拉杜蕾（Ladurée）烘焙坊開發，有著焦糖酥皮的香草布丁塔。

183, rue Marcadet・75018 Paris

Maison Savary：

波威（beauvais）版傳奇布丁塔，使用在地食材，還有寄送法國各地的服務。

16, rue des Grands-Prés・60230 Chambly

法式布丁塔

感知品味描述

視覺

<table>
<tr><td colspan="2">

整體外觀

展示（擺盤或甜點櫃）
可口
符合要求

</td><td colspan="2">

顏色

色調	烘焙程度
經典顏色，但塔皮	深度烘焙
非常均勻地著色	

</td></tr>
</table>

<table>
<tr><td colspan="2">

大小與比例

平衡	烘焙膨脹
麵皮／內餡的比例	分層良好
蛋糕的整體	
	組裝
可見度	穩固
所有成分	

</td><td colspan="2">

光澤

表面	蛋液
有光澤	在塔皮上
亮面	
亮面劑的存在	
亮面果膠	

</td></tr>
</table>

<table>
<tr><td>

notes

</td><td>

切下

整體性
呈現整體蛋糕的經典特色

</td></tr>
</table>

嗅覺

氣味

準備及烘烤時的氣味
原料的氣味（牛奶、鮮奶油、蛋）
焙烤味（焦糖）
香料味（香草）

成品

最初接觸	**辨識主導味**
圓潤且帶甜味	香草

分析	**續味**
原料的氣味（鮮奶油）	奶醬
香料味（香草）	
焙烤味（焦糖）	

味覺

最初印象	**第二印象**
主導風味：甜及香草味	五感的一致性
味道的純度	
和諧、圓潤	

分析

感知到的風味
原料風味（鮮奶油、蛋）
香料味（香草）
焙烤風味（焦糖）

聽覺

切下時

發出的聲音
酥脆（法式酥皮）

品嘗時

發出的聲音
酥脆（法式酥皮）

觸覺

質地

固體部分	**對比**
具層次（塔皮）	介於塔皮、內餡及表面的結皮
易碎（布丁餡的表面結皮）	
	享用時機
融化部分	不須立即享用
滑順（布丁餡）	
柔軟	**終味**
	和諧

notes

法式布丁塔

（八人份）

反折酥皮

一個塔用麵團
總重 500 克
（可使用剩麵）
奶油 160 克
T55 麵粉
70 ＋ 160 克
水 70 克
奶油 45 克
鹽 5 克
白醋 1 克

依聖多諾黑配方中的步驟，製作反折酥皮。

裁切

在擀開前三十分鐘，將酥皮從冰箱取出使其回溫。在均勻撒粉的工作檯上，將麵團擀成厚3至4公釐的酥皮。將酥皮裁成32×32公分的正方形。將裁好的酥皮鋪放入直徑18公分，高6公分的圓形塔模，塔模內側事先需塗刷過奶油。

香草醬內餡

內餡蛋液
（重量 1.4 公斤）
全脂牛奶 610 克
鮮奶油（乳脂肪含量
35%）205 克
全蛋 325 克
白砂糖 205 克
玉米澱粉 30 克
奶醬專用粉（poudre
à crème）30 克
香草粉 5 克

在鍋內放入所有的材料。一邊加熱，一邊用打蛋器用力攪拌，避免底部燒焦。沸騰後續煮二至三分鐘。用手持式調理棒打勻後，直接倒入鋪有麵皮的塔模中。放涼一小時。在對流烤箱中，以170℃烤一小時十五分鐘，或在傳統烤箱中，以上火185℃、底火200℃烤兩小時。布丁塔一旦烤熟，就立即脫膜，然後放置冰箱冷卻一晚。

香草亮面

裝飾
加熱使用的亮面果
膠 100 克
蘭姆酒 5 克
100% 香草粉
0.5 克

將亮面果膠倒入鍋中，加熱使其溶化。加入蘭姆酒及香草粉，用打蛋器攪拌均勻，放入冰箱保存。使用當天，將香草亮面用微波爐或放在鍋中加熱至溶化。用刷子在布丁塔內餡的表面，塗上一層薄薄的香草亮面。最後沿著塔上方的外圍輪廓，篩撒上裝飾雪粉（糖粉與澱粉一比一的混合比例）。

巴巴

(le baba)

我們已經在前面各章中了解到，觸覺賦予甜點師在展現創意的同時，也能提升味覺的感受度。

固體和液體

觸覺還有一個未被探索的部分：固體和液體的對比。結合這兩種食材狀態的作品，很少有店家願意嘗試，除了一款偉大的經典甜點：巴巴！

歷史

對我來說巴巴的口述歷史非常珍貴。其實，我出生於洛林的南錫（Nancy）市中心，它與巴巴有很深的淵源，而巴巴起源於法國這個鮮為人知的美麗地區，令我引以為傲。這款甜點的起源，據說是在十八世紀初，路易十五的岳父，也就是被廢黜的波蘭國王斯坦尼斯拉斯·萊什琴斯基（Stanislas Leszczynski），從他的盧內維爾（Lunéville）城堡展開洛林公國輝煌時代。他愛好甜食，但又苦於牙痛的毛病，於是他請甜點師尼可拉·史多荷（Nicolas Stohrer）製作出容易入口的咕咕霍夫（kouglof）。他將這款甜點浸泡在來自波蘭的貴腐酒（tokay）裡，就是巴巴的起源，但它還不算是蘭姆巴巴。一七三〇年，這位手藝精湛的甜點師隨同瑪麗·萊什琴斯卡王后來到巴黎，落腳在蒙托格伊（Montorgueil）街，爾後便開了自己的甜點店，時至今日仍舊屹立不搖，是巴黎歷史最悠久的甜點店。直到一八〇〇年代，蘭姆酒由史多荷家族的後代加入配方裡，之後還有鮮奶油。巴巴同樣風靡義大利，在拿坡里尤為盛行，當地常會以檸檬酒取代蘭姆酒。所以巴巴確實是法國人發明，但靈感來自波蘭人！

質地組合

若要評斷巴巴，一定會問是否有浸泡

糖漿？飽含糖漿的話是否也能保持形狀？這樣的平衡很難達成，要讓甜點櫃中放了幾小時的巴巴吸附飽滿糖漿同時不會碎裂並非易事。近來有人將糖漿小滴管插入巴巴，食用前再依個人喜好注入。有點像在作弊，不是嗎？

　一般來說做得好的巴巴並不需要這樣！當質地達到固液態平衡時，吃起來會像質地蓬鬆的海綿蛋糕一樣入口即化，令人驚艷而愉悅，且無論是否含有酒精成分，都是種飽含香氣的「糖漿載體」！即使糖漿中含有酒精，仍能在裝飾巴巴的鮮奶油甜味出現之前，清新我們的味蕾。接著便會出現第三種質地：蘭姆酒所帶來輕柔的刺激感。

五感饗宴

　現在要來說說那個有名的糖漿小滴管了。對我來說，它的出現有點毀了蘭姆巴巴的純粹視覺。蘭姆巴巴的風格就是簡單的面貌，不須要加有的沒的。無論是以如配方所示的小軟木塞形狀，又或是薩瓦蘭（savarin）或咕咕霍夫的造型出現；用來分享或是單獨食用，其展現的都像是帶有金黃褶邊的美麗洋裝。有時可見小香草籽的顆粒隱藏於頂層的香草鮮奶油中，它的存在讓人能更加感受到甜味。巴巴內裡的蜂巢狀質地與膨鬆的打發鮮奶油，讓切下的那一刻就像在切朵雲般地輕柔。而在鼻

孔吸入糖漿的氣味時，我們正好可以聽到輕微的磨擦聲。品嘗時，味道將與質地相呼應，那是介於蘭姆酒的強勁與奶油的甜味之間的平衡。

品嘗時機

　在巴黎東站（Gare de l'Est）外百年歷史的傳統小酒館裡，享用飽含糖漿的巴巴甜點，如何呢？趕著進東站搭車前，最適合在充滿歷史氣氛的空間享受這款甜點了！

最佳蘭姆巴巴

Pâtisserie Stohrer：

在巴巴的起源店，您可以選擇添加或不添加鮮奶油的版本。

51, rue Montorgueil・75002 Paris

Cyril Lignac：

我嘗過最好共享的大巴巴之一。

133, rue de Sèvres・75006 Paris
24, rue Paul-Bert・75011 Paris
55, boulevard Pasteur・75015 Paris
2, rue de Chaillot・75016 Paris

La Maison des Soeurs Macarons

為了吃他們的小國王巴巴專程前往。

21, rue Gambetta・54000 Nancy

巴巴

感知品味描述

視覺

整體外觀

展示　　　　　**創作**
（擺盤或甜點櫃）　擺放方式的創新
可口　　　　　　個人風格
重新詮釋（瓶製版）

顏色

色調　　　　　**烘焙程度**
金黃色經典色調　　完全烤透

光澤

表面
帶光澤（巴巴本身）

大小與比例

平衡　　　　　**烘焙膨脹**
蛋糕的整體　　　　膨脹良好
入口的整體感受
· · · · · · · · · · · · · · ·
　　　　　　　　組裝
可見度　　　　　穩固
所有成分

切下

整體性
呈現整體蛋糕的經典特色

---

notes

嗅覺

氣味

準備及烘烤時的氣味
原料的氣味（奶油、酵母）
香料味（蘭姆、香草）
植物味

成品

最初接觸
新鮮且鮮明的氣味

辨識主導味
蘭姆、香草

分析
原料的氣味（奶油、
酵母）
香料味（蘭姆、香草）
植物味

續味
奶油、酵母

味覺

最初印象
主導風味：甜味
味道複雜度（蘭姆
和香草）
口中的新鮮感

和諧

第二印象
五感的一致性

分析

感知到的風味
原料風味（奶油、酵母）
香料味（香草、蘭姆）
植物味（蘭姆）
新口味（蘭姆）

聽覺

切下時

發出的聲音
磨擦聲（飽含糖漿的蛋糕）

品嘗時

發出的聲音
磨擦聲（飽含糖漿的蛋糕）

觸覺

質地

融化部分
鬆軟（飽含糖漿的
蛋糕）
柔軟

對比
介於糖漿和巴巴間

享用時機
不須立即享用

液體部分
糖漿

終味
和諧

notes

139

巴巴
酒瓶裡的軟木塞

巴巴麵團

總重 250 克
(約 30 個)
T45 麵粉 115 克
細鹽 5 克
白砂糖 10 克
新鮮酵母 5 克
全蛋 70 克
水 5 克
奶油 35 克

在攪拌機的缸盆中，使用攪拌鉤，將麵粉、鹽、糖、酵母、蛋和水，以低速攪拌約八分鐘。直到麵團表面光滑且麵溫達到約20°C。將奶油分成三次加入，先加入約三分之一量的奶油，以低速攪拌。待奶油完全融入麵團後，再加入三分之一的奶油，以高速攪拌。以同樣手法操作，加入最後三分之一的奶油。持續不斷攪拌麵團直到呈光滑，麵團溫度約落在24°C。在麵團上包覆保鮮膜，置於室溫下發酵約四十五分鐘。將麵團移置工作檯上，除氣後，接著進行翻麵。翻麵是指將麵團壓拍平排出氣體後再折疊的動作，能讓麵團變得更有彈性。將麵團放入冰箱冷藏。待麵團冷卻後，分割為每個8克重的小麵團。將小麵團放入帶凹模的小烤模裡。置於溫暖處（27°C）讓麵團進行二次發酵。待麵團發酵膨脹到體積變成兩倍大，以165°C烤約十五至十八分鐘，直至巴巴表面呈金黃烤色。脫膜，置於室溫保存。

糖漿

水 310 克
白砂糖 135 克
香草粉 1 克
黃檸檬皮屑 2 克
柳橙皮屑 5 克
褐色蘭姆酒 55 克

將除了蘭姆酒以外的所有材料，倒入鍋中煮沸。待冷卻至50°C，加入褐色蘭姆酒，攪拌均勻。

裝飾

待糖漿放涼至50°C下，將巴巴放到裝滿糖漿的大容器中，使其吸飽糖漿。在巴巴上覆蓋烘焙紙，壓上重物，使其能完全浸泡在糖漿裡，確保能完全吸足糖漿。可戳戳看巴巴表面是否夠軟，確定飽含糖漿的程度。將蘭姆巴巴與糖漿一起放到瓶中保存。可以搭配香緹一起食用。

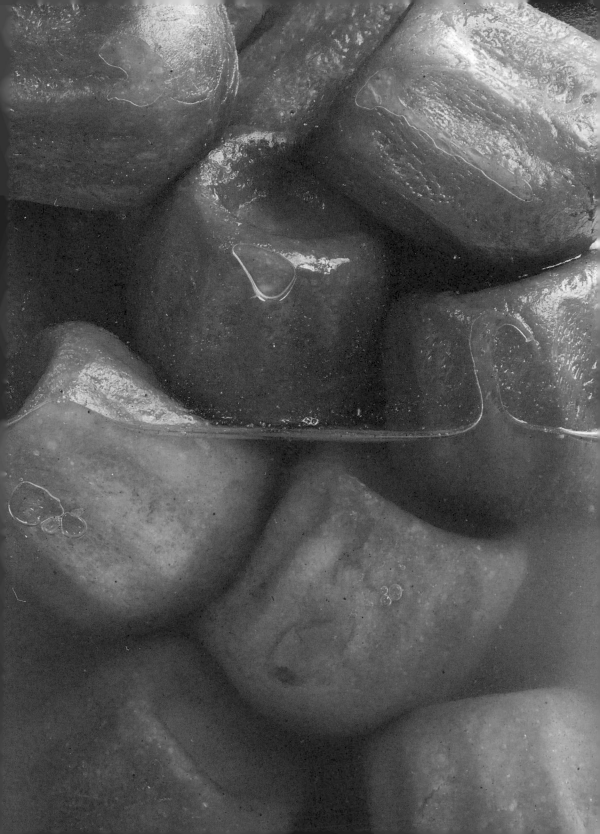

le goût

味覺

終於輪到它了！

無庸置疑，一道甜點最重要的就是好吃。
這也是為什麼即使千里迢迢也非得去品嘗不可，
或者可以心甘情願地為它多花一些錢。

最初的味道

即便其他四種感官已經獲得滿足，但如果少了味道，品嘗經驗勢必大受影響，最終得到的結果將會令人失望。儘管如此，之前從其他感官得到的感受，一定已經為您提供了在味覺上可預期的良好線索。實際上，味道與感官直覺背道而馳的風險很低。不過有時也會出乎意料，且不一定是好的，也有可能是壞的。為了引導您分析經由味覺傳遞的味道和感知，這裡有一些解密所需的要素：

— 最初印象，味蕾所感受到的是什麼？
 ‧味道單純或複雜？
 ‧口感清爽或油膩？
 ‧對比明顯還是和諧、順口？
 ‧帶有苦澀或鹹味？

— 第二印象，試著重組五感，找出視覺、嗅覺、聽覺及觸覺印象。
 ‧它們是否與味道的表現一致？
 ‧是否缺了什麼成分？
 ‧或者，是否感知到了新的成分？

針對第一階段，我們直接以一款甜點為例來解說。從一道簡單的塔開始探索口味的不同面向。

———————

藉由比較檸檬的酸和蛋白霜的甜，將為您的感官分析開扇大門：沒錯，這裡的範例是蛋白霜檸檬塔。

蛋白霜檸檬塔

(la tarte au citron meringuée)

某民調顯示，蛋白霜檸檬塔是法國人最喜歡的甜點，但它其實是融合多國食譜配方的作品。

歷史

首先，著名的檸檬凝乳發明於十八世紀英國。隨後在大西洋彼岸大為流行，並發展出用在甜塔皮上及青檸檬口味版本，由於富含維生素C，當時的水手也食用它來對抗壞血病。蛋白霜檸檬塔的出現，源於一名瑞士甜點師將蛋白和糖煮熟混合成為著名的蛋白霜，放在檸檬塔上，並以所在的小鎮邁林根（Meiringen）命名。至於兼具三種成分的蛋白霜檸檬塔（甜塔皮－檸檬凝乳－蛋白霜），是一位美國甜點師伊莉莎白・古德威（Elizabeth Goodwell），於一八〇六年於費城所創。從那時起，開始出現了運用三成分的多樣版本：在塔皮麵團中加入堅果，改變麵團質地，加入青檸檬、柚子，又或是其他種類的柑橘類水果的凝乳，加入糖漬水果、水果片，最後添擠上不同類型的蛋白霜（法式、瑞式或義式）。

別忘了透過蛋白霜的擠花裝飾，能創造無限的變化。還有什麼比這更能帶來樂趣的呢！以下的配方將有兩種檸檬搭配的組合，以及一種可替代糖的成分：蜂蜜。

味覺的情感

蛋白霜檸檬塔中的味道，無疑是最引人注目的……我正猶豫要怎麼解釋！因為，當您吃這種甜點時，會期待有真正的酸味！而檸檬凝乳必須有這種力量，檸檬

本身的味道強烈而清爽，放在甜塔皮上能緩和酸度的力道。然後再藉由輕盈蛋白霜的呼應療癒我們的味蕾。這像是先賞巴掌後再回過來拍拍，由強烈到溫順的風味旅程；在我們的配方中，一方面是微苦的糖漬檸檬和青檸檬果肉帶來的衝擊，另一方面是蛋白霜中的蜂蜜帶出的另一種甜味。許多不同深度的風味最終得到一致性的和諧，這恰到好處的風味，正是它受到喜愛的關鍵，尤其是那些嘴上說自己是不愛甜食的人。

五感饗宴

味道是決定檸檬塔美味與否的關鍵，它不能是平淡無層次的。當然，我們的其他感官也會促成這種感知。整體而言，視覺效果要保持簡單，澄黃色調帶來活力，蛋白霜的體積和波浪造型，營造出自然的輕盈感。無論是擠花裝飾，或是像配方中使用抹刀整型，都會讓人很想對那焦糖化外層下有著什麼樣的祕密一探究竟。此外，焦糖化裡濃郁而甜美的香氣會讓人不由地著迷，就像塔皮帶來的奶油香氣一樣。最後在切開過程中，不同質地開始發揮作用，揭露了從輕盈膨鬆到鬆脆的多層次對比。當塔皮在牙齒下發出響亮的嘎吱聲時，輕盈入口即化的蛋白霜與柔滑的檸檬凝乳互相協調。青檸檬果肉飽滿多汁的口感，促使整體更加清爽和平衡。

品嘗時機

蛋白霜檸檬塔是道廣受歡迎的甜點，或許是因為柑橘類清新的果味，能消弭像吃巧克力甜點那樣的罪惡感。再加上，蛋白霜不都是輕盈蓬鬆帶空氣感的嗎？因此這類甜點很適合在用餐結束後享用，即使是一頓豐盛的餐點之後，它能以甜中帶酸的姿態為整頓飯劃下完美的句點。此外，單獨享用或是搭配熱飲，在冬季的午後時光或在柑橘類水果最盛產的季節，全都很適合。

最佳蛋白霜檸檬塔

Tourbillon,
by Yann Brys：

檸檬柚子陀飛輪塔是這位法國最佳工藝師之代表作，他的正職是在位於 1-7, rue Jean-Richepin 75016 Paris的布拉赫酒店（l'Hôtel Brach）擔任甜點主廚。

2, avenue Salvador-Allende・91160 Saulx-les-Chartreux

Arnaud Larher：

另一位法國最佳工藝師的蛋白霜檸檬塔。

93, rue de Seine・75006 Paris
53, rue Caulaincourt・75018 Paris
57, rue Damrémont・75018 Paris

蛋白霜檸檬塔

感知品味描述

視覺

整體外觀

展示（擺盤或甜點櫃）
可口

大小與比例

平衡
塔皮／內餡的比例
蛋糕的整體
入口的整體感受

可見度
只有某些成分（糖漬水果及青檸檬果肉是隱藏的）

組裝
穩固

notes

顏色

色調
鮮明
經典顏色（由白至金黃）

烘焙程度
烘焙至焦糖化

光澤

表面
對比

表面結構

表面的質地表現
蛋白霜的焦糖化

切下

整體性
一旦切開即展現出不同成分（內層）

驚喜
隱藏成分

嗅覺

氣味

準備及烘烤時的氣味
水果味（檸檬）
原料的氣味（奶油、蕎麥、蜂蜜）
焙烤味（蕎麥）
花香味（蜂蜜）

成品

最初接觸
圓潤且帶甜味

辨識主導味
蜂蜜、檸檬

分析
水果味（檸檬）
原料的氣味
焙烤味（焦糖、蕎麥）
花香味（蜂蜜）

續味
蕎麥

味覺

最初印象
主導風味：酸
味道複雜度
口中新鮮感
對比
苦味的存在（糖漬水果）

第二印象
五感的一致性

分析

感知到的風味
水果風味（檸檬）
原料風味（奶油、蕎麥、蜂蜜）
焙烤風味（焦糖）
花香味（蜂蜜）

聽覺

切下時

發出的聲音
酥脆（塔皮）
硬脆、（蛋白霜的）磨擦聲

品嚐時

發出的聲音
酥脆

觸覺

質地

固體部分
酥脆（塔皮）
硬脆（蛋白霜、檸檬果肉）

厚實部分
濃郁（檸檬凝乳）
厚重

融化部分
滑順（蛋白霜）
柔軟（糖漬水果）

膨鬆
慕斯感（蛋白霜）

對比
介於凝乳、糖漬水果及塔皮／蛋白霜及果肉間

享用時機
不須立即享用

終味
對比

notes

蛋白霜檸檬塔

（約八人份）

不含麩質的蕎麥布列塔尼奶油餅

總重 400 克
榛果粉 95 克
糖粉 95 克
蕎麥粉 65 克
全蛋 1 個
奶油 95 克

在烘焙前一天，將奶油（以刮勺或在攪拌機中使用葉槳）軟化至油膏狀，同時將粉類拌勻，接著慢慢加入軟化奶油攪拌均勻。加入蛋，持續攪拌至完全混合。揉合成團，將麵團擀成厚1公分的塔皮。以保鮮膜包覆後，放入冰箱備用。烘焙當日，將（對流）烤箱預熱至165 ℃。將塔皮放在上下兩張烘焙紙間，擀至厚約3公釐，再壓出直徑26公分的圓形塔皮。在165 ℃下烘烤約十五至十七分鐘。

檸檬凝乳

總重 660 克
細砂糖 115 克
蜂蜜 30 克
奶油 220 克
全蛋 3 個
大的有機黃檸檬
4 個（事先刨皮及
擠汁）
吉利丁 1 片

將吉利丁放入冷水中浸泡，使其軟化。取蛋、糖、蜂蜜、黃檸檬皮屑，放入鍋中混合均勻後，倒入115克鮮榨的黃檸檬汁，煮至濃稠（不可煮沸）。將煮好的凝乳用錐形篩過濾，再加入吉利丁拌勻。待凝乳冷卻至45至50 ℃時，加入奶油，並用手持式調理棒打至細滑。裝入套有直徑8公釐圓形擠花嘴的擠花袋中，放入冰箱冷藏備用。

兩種糖漬檸檬

濃縮前約 700 克
大的有機黃檸檬 3 個
有機青檸檬 4 個
細砂糖 75 克
未加糖黃檸檬汁
100 克（類似 Pulco 牌）
蜂蜜 10 克

將檸檬切片，然後加入糖和檸檬汁蓋上鍋蓋燉煮。當檸檬煮到軟爛後，用手持調理棒打勻，再以錐形篩過濾。加入蜂蜜混合拌勻，再裝入擠花袋封好，放置冰箱冷藏備用。

檸檬蜂蜜義式蛋白霜

以中速打發蛋白。將吉利丁放入冷水中浸泡。在鍋中加入檸檬汁、蜂蜜和糖，熬煮成糖漿。

總重 310 克
細砂糖 55 克
蜂蜜 115 克
未加糖黃檸檬汁
45 克（類似 Pulco 牌）
蛋白 90 克
（約3顆蛋白）
吉利丁 ½ 片
有機檸檬 2 個

　　將烹飪用溫度計放入糖漿中以確定其溫度。當熬煮糖漿的溫度達118 ℃時，將打發蛋白的轉速調到最高速。在糖漿溫度達121℃時，離火使其氣泡減少後，將糖漿倒入持續打發的蛋白中，此時略調低攪拌機的轉速（注意糖漿要倒在打蛋球與鋼盆之間）。加入瀝乾的吉利丁混拌溶解。持續打發蛋白霜直到呈現微溫，拉起蛋白霜會呈鳥嘴狀。將打發好的蛋白霜填入裝有直徑10公釐圓形擠花嘴的擠花袋中。

組裝

　　取兩個青檸檬的果肉片。將檸檬凝乳填入裝有直徑18至20公釐圓形擠花嘴的擠花袋中，在奶油餅邊緣下距離約2公分處開始，沿著圓周呈螺旋的方式擠滿表面。將糖漬檸檬泥裝入擠花袋中（無需擠花嘴），並在凝乳的螺旋圓形外擠出一圈的環形外圍。在表面撒上青檸檬果肉塊。將蛋白霜填入擠花袋中（無需擠花嘴），在凝乳及糖漬檸檬泥的上方擠花裝飾。並用抹刀輕抹形成凹凸的表面。用噴槍炙燒或在 220 ℃ 的烤箱中烤四分鐘，焦化蛋白霜表面。

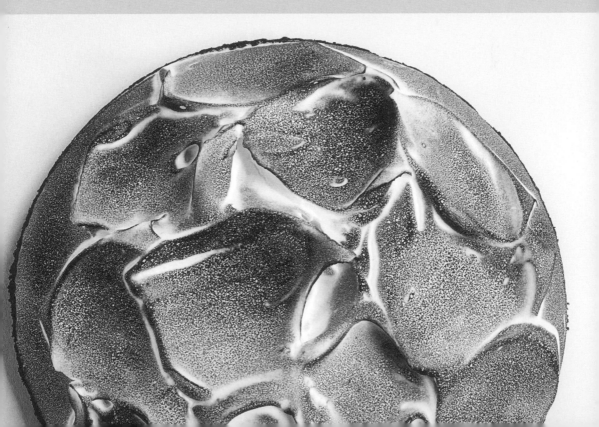

風味

現在您可以感受到對不同口味進行分類的樂趣，這將有助於全面啟動其他四種感官，並確認您的直覺是否正確：

- 水果風味：無論是新鮮還是燉煮，它們可以來自現實中存在的水果，也可以來自巧克力等成分，巧克力本身就具有廣泛的果味。香草依產地來源不同，也可能會帶有這類口味。
- 原料風味：酵母、乳製品、穀類等。
- 香料味：香草、肉桂、零陵香豆、八角、丁香、荳蔻、薑黃等，來自產品本身的味道，或者是來自巧克力或某些酒精，如蘭姆酒。
- 焙烤風味：我們還可以找到與可可和巧克力相關的風味，以及咖啡、紅茶、烘烤或焦糖化的堅果、煮熟的義大利麵、焦糖的風味。這些成分會帶來能夠平衡蛋糕的苦味。
- 花香味：茉莉、橙花、玫瑰、紫羅蘭等。如果分量充足，會提升水果香氣。
- 植物味：生堅果、薄荷、羅勒、香料、冷杉芽、檸檬草、綠茶等。
- 最後是最原始的風味：碘味、礦物味、煙燻味甚至鹹味。的確，在材料中加入一小撮鹽能達到提味的效果，難怪愈來愈常見到，在製作的最後添加少許的鹽之花收尾，那能喚醒我們的味蕾，讓味道更加突出。

首先，我們將仔細研究水果和植物的風味，尤其是象徵春天到來和水果季節更新的甜點：法式草莓蛋糕。

多重風味的巧克力

巧克力是最誘人且讓人愛不釋口的食材，（幾乎）能讓所有人上癮，即使對不想上癮的人也一樣，主要是因為它能促進讓人感到愉悅的腦內啡分泌！每個人都有自己的喜好，從黑巧克力到白巧克力，最喜愛的品牌，或只為了讓心情變好，或是想更進一步品鑑不同風味。巧克力具深厚的專業知識、歷史和文化，複雜但有很好入手的口味成分。也因為獨特的烘焙風味，以及果香、植物或香料風味，讓甜點師能加以活用巧克力本身的特質與風味。

因此，我選擇了黑森林蛋糕（第162頁），來說明巧克力風味的複雜性及其相關性。

法式草莓蛋糕

(le fraisier)

法式草莓蛋糕的雛形源自於奧古斯特・埃斯科菲耶（Auguste Escoffier），到了一九六〇年代，由加斯頓・雷諾特（Gaston Lenôtre）發明了我們熟知的經典版本，並以巴黎近郊著名的「巴葛特爾（Bagatelle）」花園為其命名。

歷史

他確立了草莓蛋糕的經典準則：一層浸潤了含櫻桃酒（kirsch）糖漿的海綿蛋糕，一層香草穆斯林奶油餡，一層薄薄的杏仁膏，和大量的新鮮草莓，而以剖半草莓整齊排列於蛋糕側面，則是法式草莓蛋糕的最大特色。以草莓為裝飾，不只增添了華麗感，也宣示了春天到訪的氣息，春天正是洗禮、聖餐、婚禮或一般家庭慶祝活動的季節。這也是季節性甜點的重要指標。從它問市至今一直是許多甜點師重新詮釋的主題，無論是從蛋糕成分上，例如使用熱那亞杏仁蛋糕（pain de Gênes）或達克瓦茲（dacquoise），又或在奶霜上做變化，像是使用打發鮮奶油，或添加不同的水果。這些運用，使我們能夠在全年或更長的時間裡，運用這種水果－奶霜－蛋糕的組合。

味覺的情感

為了品嘗這種專注於味覺上的法式草莓蛋糕，我想要透過微妙的植物風味，來鍛鍊您那幾乎已是專家級的味蕾。在冬末品嘗蛋糕時，我們尋找的主要是多重的味道與新鮮度；也就是展現春天的盛宴，帶著水果與陽光的味道。當然這些主要是襯托主體，讓味道更有層次。這也是甜點師在這種新鮮水果蛋糕中所思考尋求的微妙平衡。因此，最重要的是水果的成熟度，以及對季節性的尊重，如此才能展現水果原有的甜味和預期的風味，而其他成分則構成了蛋糕結構。在接下來的配方中，我們使用兩種額外的口味成分來說明這個觀點。一方面，蛋糕體及裝飾用的開心果，堅果焙烤後的圓潤與草莓的酸度完美契合，不像香草有時會帶來甜膩的感覺。

另一方面，有種在甜點中鮮為人知的植

物甜三葉草（mélilot，詞源來自希臘文的蜂蜜與蓮花），要在製作穆斯林奶油餡前先將它浸泡在鮮奶油萃取出風味。它帶有像是混合了香草、茴香和零陵香豆，非常原始的味道。它也帶來了很多甜味，以及草本的清新，繚繞著春天的氣息，提供蜜蜂採集覓食！

五感饗宴

法式草莓蛋糕除了喚醒我們的味蕾，鮮艷的色彩與美感更是耀眼奪目。對甜點師來說，它是風格創作練習的指標性範本，是優秀甜點師都必須掌握的技巧。草莓剖半於側面的排列是最引人目光的所在，整齊劃一地夾在柔滑的奶油餡間，傳統的穆斯林奶油餡會帶有小香草粒，頂層的裝飾則會覆上一層淺色的杏仁膏。追求極致傳統的話，還會在上面擠出「Fraisier」的字形元素。不過，先跳脫這些框架，回到更現代化的視覺裝飾吧。基底的蛋糕體是用開心果口味的熱內亞杏仁蛋糕，在這款蛋糕中可明顯看到，傳統的杏仁膏裝飾，已被開心果粉與新鮮草莓那散發香氣且華麗的裝飾所取代！是的，應時的法式草莓蛋糕，會以清新而微妙的香味呼喚遠方的您。頂層再撒上整顆焙烤過的開心果，除了能喚醒對蛋糕體的口味記憶外，也為整體柔滑綿密的甜點帶來一點硬脆口感。草莓蛋糕是真正令人難以抗拒的新鮮美食！

品嘗時機

正如之前所提到的，草莓蛋糕是家庭聚會、生日，各種慶祝場合不敗的經典款。真正能享用它的季節很短——草莓季大約為期一個半月，此時的風味是最好的——要把握機會，及時好好品嘗才是王道。

最佳草莓蛋糕

Maison Lenôtre：

如同人們參觀巴黎的紀念碑：為什麼不來朝聖將草莓蛋糕推上舞臺的這家烘焙坊呢？

在巴黎有許多分店，包括：
10, rue Saint-Antoine・75004 Paris
15, boulevard de Courcelles・75008 Paris
36, avenue de la Motte-Picquet・75007 Paris
22, avenue de la Porte-de-Vincennes・75012 Paris
44, rue d'Auteuil・75016 Paris

Yann Couvreur：

這裡的草莓蛋糕只在當季登場，它維持了經典的標準（海綿蛋糕和香草穆斯林奶油餡），但重新詮釋了視覺裝飾。

137, avenue Parmentier・75011 Paris
22 bis, rue des Rosiers・75004 Paris
25, rue Legendre・75017 Paris

Benoît Castel：

草莓蛋糕所有元素裝在康門貝爾（camembert）乳酪小盒子中：俏皮感十足也很美味。

150, rue de Ménilmontant・75020 Paris
11, rue Sorbier・75020 Paris
72, rue Jean-Pierre Timbaud・75011 Paris

法式草莓蛋糕

開心果－甜三葉草

感知品味描述

視覺

整體外觀

展示（擺盤或甜點櫃）
優雅（展示草莓蛋糕的關鍵模式）
可口
符合要求

顏色

色調　　　　　**烘焙程度**
鮮明　　　　　　　烤透的底部蛋糕體
經典顏色，但藉由加
入開心果強調綠色

大小與比例

平衡　　　　　　**烘焙膨脹**
蛋糕體／奶醬的比　膨脹良好的熱內亞
例　　　　　　　　杏仁蛋糕
蛋糕的整體
入口的整體感受　　**組裝**
　　　　　　　　　穩固，即使有些脆
可見度　　　　　弱
全部元素

光澤

表面
具光澤
甜三葉草粉的對比

表面結構

表面的口感作用物　**裝飾**
整顆開心果及甜三　　顏色對比及內含成
葉草粉　　　　　　　分的提示

notes

切片

整體性
呈現整體蛋糕的經典特色（內含許多草莓）

嗅覺

氣味

準備及烘烤時的氣味
水果味（草莓）
原料的氣味（鮮奶油、奶油）
香料味（甜三葉草）
焙烤味（開心果）
植物味（甜三葉草）

成品

最初接觸
新鮮且鮮明的氣味
（草莓及甜三葉草）

植物味（甜三葉草）

辨識主導味
草莓

分析
水果味（草莓）
香料味（甜三葉草）
焙烤味（開心果）

續味
甜三葉草及開心果

味覺

最初印象
主導風味：甜中帶酸
味道複雜度
口中的新鮮感
對比

第二印象
五感的一致性
感知到的新成分
（奶醬中的甜三葉草）

分析

感知到的風味
水果風味（草莓）
原料風味（鮮奶油、奶油）
香料味（甜三葉草及其香草味）
焙烤風味（開心果）
植物味（甜三葉草的草本調）

聽覺

切下時

發出的聲音
磨擦聲（穆斯林奶油餡）

品嘗時

發出的聲音
鬆脆（草莓）
硬脆（開心果）
磨擦聲（穆斯林奶油餡）

觸覺

質地

固體部分
硬脆（開心果）

融化部分
鬆軟（熱內亞杏仁
蛋糕體）

液體部分
多汁（草莓）

膨鬆
慕斯體（穆斯林奶
油餡）

對比
介於奶油餡、糖漬
水果及杏仁膏／蛋
白霜及果肉切片

享用時機
不須立即享用

終味
和諧

notes

法式草莓蛋糕

開心果－甜三葉草

（十人份）

甜三葉草風味甜點師奶醬

總重 600 克
全脂牛奶 380 克
甜三葉草 5 克
白砂糖 75 克
蛋黃 70 克
玉米澱粉 25 克
T55 麵粉 10 克
奶油 30 克

製作前一天，將牛奶倒入鍋中煮沸，然後加入甜三葉草。鍋面覆蓋上保鮮膜，浸泡靜置二十分鐘。量秤重量，並重新添加牛奶補足至原來的重量。使用錐形篩過濾。將過濾出的甜三葉草沖洗乾淨後晾乾，然後用小攪拌機研磨製成粉末，作為裝飾用。將糖加到蛋黃中，攪拌打至泛白。再加入麵粉及玉米澱粉攪拌均勻。取部分熱牛奶加入蛋黃糊中攪拌均勻，重新倒回熱牛奶鍋中。以中火一邊加熱，一邊攪拌至沸騰，接著再充分攪拌二至三分鐘直到麵糊變得濃稠。離火，加入奶油攪拌融合，然後倒至另一個鋼盆中。接觸覆膜，放入冰箱冷藏保存。

開心果口味熱內亞杏仁蛋糕

總重 700 克
（40×30 公分的
烤盤）
杏仁膏（含 50%
杏仁）250 克
純開心果醬 60 克
轉化糖或洋槐
（acacia）蜂蜜 15 克
全蛋 250 克
T55 麵粉 50 克
泡打粉 5 克
切塊奶油 85 克

在攪拌機的缸盆中，用葉漿將杏仁膏、開心果醬和轉化糖攪拌至散開。分幾次慢慢加入全蛋攪拌，讓杏仁混合物變得鬆軟。過程中必須不時的刮乾淨缸盆底部，以免混合不均。當混合物開始輕微液化時，換成打蛋器繼續攪拌混合均勻。一邊加入剩下的蛋液，一邊攪拌均勻。當所有加入的蛋液都混合均勻後，持續打發至麵糊拉起滴落時會呈緞帶狀。加入過篩後的粉類，用橡膠刮刀攪拌均勻。以微波爐加熱融化奶油至非常熱的狀態。取部分的麵糊加到融化的奶油中，用打蛋器攪拌混合均勻。再重新倒回麵糊中，用橡膠刮刀輕柔地拌勻。將麵糊倒入高1公分的淺烤模中，並在底部隔著另一烤盤。此配方適用於40× 30公分的烤盤。將對流烤箱預熱至190°C，然後以170°C烘烤約十二分鐘。出爐後立刻脫模，放置涼架上待冷卻，避免餘溫使蛋糕烘焙過度。

穆斯林奶油餡

總重 700 克
甜三葉草的甜點師
奶醬 490 克
奶油 145 克
鮮奶油（乳脂肪含
量 35%）65 克
香草粉 1 克

在混合前三十分鐘，將甜點師奶醬從冰箱取出回溫。使用攪拌機的葉漿，將奶油打至油膏狀。若有必要，也可以利用微波爐，在倒入攪拌機前事先將奶油加熱至略軟化。在另一鋼盆中，用打蛋器，將甜點師奶醬打散至呈光滑狀。分成兩次，將甜點師奶醬倒入軟化的奶油中攪拌均勻。注意在攪拌過程中，需用橡皮刮刀刮缸，以確保攪拌均勻。持續均勻打發混合物。若必要，可以使用噴槍在缸盆外圍加熱，以得到光滑均勻的穆斯林奶醬。最後加入打發的香草鮮奶油（半發的流動質地），用橡皮刮刀混合均勻。

草莓 1 公斤
草莓汁 40 克
整顆開心果 10 克

組裝

取直徑20公分，高6公分的慕斯圈。在內側放進慕斯用塑膠片（Rhodoïd）。取熱內亞蛋糕片，切出一個直徑20公分和另一個直徑16公分的圓形（約300克的量）。在兩片蛋糕片上塗刷上草莓汁。把大的圓形蛋糕片鋪放在慕斯圈的底部，使刷有草莓汁的那面朝上。將草莓對切，並以切面朝外，沿著塑膠片圍排一圈（約210克草莓的量）。將穆斯林奶油餡裝入擠花袋。在相間的草莓縫隙之間，及底部蛋糕片表面擠上穆斯林奶油餡（約400克）。用不鏽鋼刮刀將穆斯林奶油餡抹平至與慕斯圈的上緣同高度，以消除氣泡。用整顆去除蒂頭的草莓，排放入蛋糕中心（約360克）。並在草莓上擠入穆斯林奶油餡（約200克）。用不鏽鋼刮刀迅速將奶油餡刮平，最後疊放上直徑16公分的圓形蛋糕片，使刷有草莓汁的那面朝下。略施壓力，使整體的高度與慕斯圈等高。用刮刀，將多餘的奶油餡刮除。放入冰箱冷藏十二小時。

品嘗
草莓蛋糕要冰涼
地吃，才能品嘗
到最佳的質地及
口味。在品嘗前
的十五至二十分
鐘，再從冰箱取
出回溫。

裝飾

將約350克的草莓對切。用刷子，在草莓表面塗刷上少量的亮面膠。從冰箱取出草莓蛋糕，在表面薄抹上一層穆斯林奶油餡。撒上開心果粉。脫除慕斯圈，取下塑膠片。如有必要，可用刮刀將草莓蛋糕的側面外圍修整平滑。如圖片所示，使用草莓片裝飾蛋糕頂層。放上整顆焙烤過的開心果（約10克）。撒上少許甜三葉草粉。

黑森林蛋糕

（la forêt-noire）

對我來說，在談到口味這一章時，是不可能不提巧克力的。

歷史

黑森林蛋糕一如其名，是源自於德國地區的黑森林而得名。關於黑森林蛋糕的創始人，有著不同的說法。其中一種的可能說法是，出自德國波恩（Bonn）附近的一名甜點師喬瑟夫・凱勒（Josef Keller）所發想出來的。據說一九一五年，這位甜點師以鮮奶油、櫻桃和巧克力為組合，並以酥脆塔皮作為底部，以便於運輸，從而成了現今黑森林蛋糕的雛形。多年來風行於德國成為最受歡迎的蛋糕，也是德國最具代表性的甜點之一。其美名更是穿越國境傳布全世界，並在各個國家變化發展出各式不同的翻版黑森林。然而，想冠以正統的黑森林之名，有必須符合的條件——據說，這個蛋糕是模擬過去黑森林地區，年輕未婚女孩穿著的民族服飾而來——主要是以巧克力海綿蛋糕，它是用來取代酥脆塔皮、鮮奶油、櫻桃、櫻桃酒（kirsch櫻桃酒），以及用來裝飾的巧克力碎片。另外，以巧克力鮮奶油為主的變化也很常見。

味覺的情感

甜點師得進行艱難的練習，才能達到黑森林蛋糕的口味平衡。這算是一種傳統的甜點，有著特有的豐富組成，在口中可能厚重又濃郁，然後可能一瞬間就被櫻桃酒裡帶勁的酒精壓得喘不過氣來。因此這道甜點的製作必須精確，讓所有的組成齊鼓相當的存在，才不會在口中形成負擔。另外，添加的巧克力非常重要。在下面的配方中，我們選用了酸度和果味表現都很棒的巧克力，它的深邃滋味能與其他組成相互協調，可以平衡鮮奶油的乳製品風味，並與櫻桃酒中的櫻桃相呼應。當然，黑森林也得為水果保留一個重要的位置。水果幾乎常常被遺忘，然而這道甜點裡熟成的香氣與果實風味，為甜點增添了不少層次與點綴的效果。也是水果的風味香氣與巧克力的合拍搭配，讓這個蛋糕獨特而有趣。最後則是鮮奶油的甜味柔化了這漂亮的對比。

五感饗宴

眾所周知的傳統黑森林蛋糕的固有視覺印象：一個又大又厚的圓形蛋糕，裡面有鮮奶油、巧克力海綿蛋糕，以及頂層巧克力碎片與糖漬櫻桃為裝飾所構成。典型的傳統裝飾，而非現代感的造型，對吧？所幸，有許多主廚對它的視覺外觀進行重新詮釋……坦白說，這其實還蠻有必要的！相同口味組合，調整構成要件的搭配與比例，像是在蛋糕造型上的變化，在配料層的排列以及作為黑森林象徵的顏色對比，不僅能帶來口味上的變化，視覺效果的變化也會給人不同的想像。在我們所提供的配方中，是以具現代感的方形呈現，但我們仍然透過層層的鮮奶油，以及用甘納許製作的小原木呈現出圓潤度：漂亮的擠花展現了黑森林的精神，並以帶有樹皮碎片意象的巧克力屑凸顯。切開蛋糕時，會發現有鑲著酸櫻桃交織的層面，這些都是浸泡過櫻桃酒糖漿，帶有層次味道的酒漬櫻桃。熟成香氣、果實風味與巧克力深邃滋味的相互協調混合一起，一入口就會瀰漫於鼻腔。在聲音方面，落刀切下時依序出現，觸及巧克力啪啦的裂響聲，接續的則是安靜的奶醬與蛋糕層。在質感上，我們能感受到對比，因為黑森林的元素具有明顯的一致性，從蛋糕的柔軟度到打發鮮奶油的膨鬆感。最終組合成整體的完美平衡，是一款傳達了傳統風味和諧的現代黑森林蛋糕。

品嘗時機

人氣首選莫過於黑森林蛋糕，在麵包甜點店就能找到。很適合作為下午茶或是餐後甜點享用，特別是它那「分量充足」的一面，更適合正餐之外享用。春季也就是新鮮櫻桃盛產時，此時享用味道最棒。

最佳黑森林蛋糕

Pâtisserie de l'Ill :

離德國邊界不遠的地方，可以找到一款視覺非常精緻且時尚的黑森林。

18, rue de l'Ill · 67540 Ostwald

Pâtisserie Bourguignon :

一定得提這個來自法國東部的甜點店，招牌美味的黑森林全年都有販賣。

31, rue de la Tête-d'Or · 57000 Metz

Jean-François Foucher :

來自越南的可可與布爾拉（Burlat）酸櫻桃所組成的黑森林。

10, rue Madeleine-Michelis · 92200 Neuilly-sur-Seine
12, rue au Fourdray · 50100 Cherbourg
13, rue Désiré-Le-Hoc · 14800 Deauville

黑森林蛋糕

感知品味描述

視覺

整體外觀

展示
（擺盤或甜點櫃）
重新詮釋、複雜的

創作
因其形狀不同的創新

顏色

色調
三種成分的經典顏色

大小與比例

平衡
蛋糕體／奶醬／水果的比例
蛋糕的整體
入口的整體感受

烘焙膨脹
膨脹良好的海綿蛋糕

組裝
穩固

可見度
所有成分（三種可見成分）

光澤

表面
霧面

表面結構

表面的口感作用物
大塊的巧克力屑

裝飾
巧克力屑是製作這款蛋糕必需遵循的規則

切片

整體性
呈現整體蛋糕的經典特色

notes

嗅覺

氣味

準備及烘烤時的氣味
水果味（櫻桃）
原料的氣味（鮮奶油）
焙烤味（巧克力、酸櫻桃酒）

成品

最初接觸
圓潤且帶甜味

辨識主導味
巧克力

分析
水果味（櫻桃）
原料的氣味（巧克力）
焙烤味（鮮奶油、
酸櫻桃酒）

續味
酸櫻桃酒及櫻桃

味覺

最初印象
主導風味：巧克力
味道的純度
和諧、圓潤

第二印象
五感的一致性
感知到的新成分
（酸櫻桃酒）

分析

感知到的風味
水果風味（櫻桃及酸櫻桃酒）
原料風味（鮮奶油）
焙烤風味（巧克力）

聽覺

切下時

發出的聲音
硬脆（巧克力屑）
磨擦聲（鮮奶油）

品嘗時

發出的聲音
硬脆（巧克力屑）
磨擦聲（櫻桃、鮮奶油）

觸覺

質地

固體部分
硬脆（巧克力屑）

對比
介於蛋糕體、鮮奶
油及巧克力屑間

融化部分
滑順（打發鮮奶油）
鬆軟（薩赫 [Sacher]
蛋糕）
柔軟（甘納許）

享用時機
不須立即享用

終味
和諧

液體部分
多汁（櫻桃）

notes

黑森林蛋糕

（八人份）

薩赫蛋糕

總重 1 公斤
杏仁膏 260 克
白砂糖 80 ＋ 80 克
蛋黃 125 克
全蛋 90 克
蛋白 150 克
T55 麵粉 60 克
可可粉 30 克
黑巧克力（可可含量 66%）60 克
奶油 60 克

　　將烤箱預熱至180℃。使用帶有葉槳的攪拌機，在攪拌缸中將杏仁膏與80克糖混合。接著慢慢少量倒入蛋黃、全蛋持續攪拌。不時地刮缸，以確保混合均勻。當混合物開始稍微變稀時，換成打蛋球繼續攪拌均勻。在蛋液已全部加完混合均勻後，提高轉速。持續打發約十五分鐘。在另一個攪拌缸中，攪拌蛋白，同時分次加入80克糖。以中速打發蛋白，一邊加入一邊攪拌打發，直到打發的蛋白可漂亮拉出鳥嘴質地。在另一個盆中，將奶油和巧克力在45至50℃下融化，然後加入到打發的杏仁混合物中攪拌混合，接著分次加入打發蛋白攪拌，至質地呈緞帶狀。加入過篩的粉類（麵粉和可可粉），用橡皮刮刀輕輕地拌勻至麵糊滑順即完成。將麵糊倒入鋪有烘焙紙的烤盤上，厚度為1公分。以180 ℃烤約十至十二分鐘。蛋糕烤熟後，立即放到涼架上，以停止持續加熱並保持濕潤。裁切出15×15 公分的正方形三片。

打發香草甘納許

總重 730 克
白巧克力 130 克
吉利丁 2.5 片
鮮奶油（乳脂肪含量 35%）295 ＋ 295 克
香草粉 2 克

　　將吉利丁放入冰水中浸泡，使其軟化。將295克鮮奶油和香草粉放入鍋中加熱煮沸。將瀝乾的吉利丁，放入熱鮮奶油鍋中混拌溶解。將熱鮮奶油倒入裝有白巧克力的攪拌盆裡。用手持式調理棒打勻，使其乳化，再加入剩餘的冷鮮奶油，用手持式調理棒攪拌均勻。倒至另一鋼盆中，接觸覆膜，放入冰箱熟成備用。

巴西奶霜

總重 350 克
全脂牛奶 110 克

　　將牛奶和鮮奶油倒到鍋中煮沸。用打蛋器將糖和蛋黃攪拌打發至泛白，再倒入加熱的牛奶混合物攪拌勻勻。將蛋奶醬重新倒回鍋中，一

鮮奶油 (乳脂肪
含量 35%) 110 克
蛋黃 20 克
白砂糖 22 克
黑巧克力 (原產
巴西可可含量
66.8%) 90 克

邊攪拌一邊加熱，熬煮到85°C下的濃稠狀，製作英式蛋奶醬。將奶醬分成三次，倒入巧克力中攪拌均勻，製作成滑順的甘納許。用手持式調理棒進行攪拌，避免空氣進入，直到呈光滑質地。倒至另一鋼盆中，接觸覆膜，放入冰箱使其熟成。

酸櫻桃酒汁

總重 200 克
酸櫻桃汁 185 克
酸櫻桃酒 15 克

將兩種材料調勻。用刷子在三片薩赫蛋糕片上塗刷酸櫻桃酒汁。

裝飾

黑巧克力 (可可含
量 66%) 300 克
酸櫻桃 75 克

　　將黑巧克力在50°C下融化。將融化的黑巧克力進行巧克力調溫，降溫至28至29°C，再使其升溫至31至32°C可用狀態。剪下40×5公分的烘焙紙片。用刷子沿著剪紙的長邊畫出巧克力線。改變大小，每條紙片有三到四條巧克力線。將紙片捲成長圓筒狀，用迴紋針固定待凝固成形。進行裝飾用的飾片可製作十個左右，組裝時可從中選用。

組裝

非必要步驟：
如果您願意且擁有
所需的巧克力噴槍
設備，可在此階段
將黑森林蛋糕先冷
凍幾分鐘，再用噴
槍以黑巧克力和可
可脂相同比例的混
合物噴飾，200 克
就足夠。不過要維
持側面周圍的樣
貌，因此只能在噴
飾頂層表面。

　　將酸櫻桃切成細小方塊。將巴西奶霜填入裝有10公釐圓形擠花嘴的擠花袋中。在一塊15×15 公分的正方形蛋糕片上，將奶霜以長條狀，整齊並列地擠滿蛋糕片表面，注意不要超出蛋糕邊緣太多。可以使用熱刀，將超出的多餘奶霜修除平整。將約25克酸櫻桃撒在擠好奶霜的表面上。用打發香草甘納許（打發至質地細緻），在另外兩片蛋糕片進行同樣步驟。在盤中，放上一片擠好打發香草甘納許的蛋糕片為底層。接著再疊放上擠好巴西奶霜的蛋糕片做中間層。最後疊放上擠好打發香草甘納許的蛋糕片做頂層。將凝固成形的巧克力條裝飾片取下。將裝飾片如圖片所示，同夾層擠餡的平行方向，擺放在黑森林蛋糕表面。若還有剩餘的裝飾碎片，也可以用來營造立體起伏的視覺效果。

　　隨處輕輕篩撒上可可粉，凸顯裝飾的立體感。最後擺上幾顆漂亮的酸櫻桃。

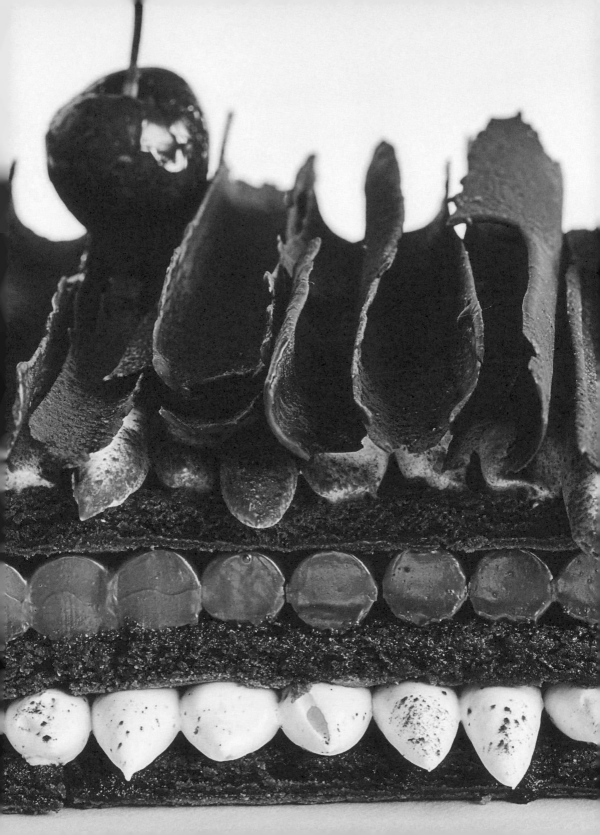

為了繼續分析品嘗甜點的第五個感官，
同時也是最後一個，
以下提出甜點的經典口味組合。

和諧的經典

確實，就像在廚房裡我們可以談論甜鹹、酸甜等料理的滋味，有許多品嘗過的滋味，非常棒的味覺體驗都深刻累積於記憶裡，並成為主廚的真正代表作。甜點主廚也是一樣，一開始在圓潤和酸度之間形成對比，而最終會變得和諧，甚至大放異采而留名。像是法國當代偉大的甜點大師皮耶・艾曼（Pierre Hermé）發想出的經典之作：伊斯法罕（Ispahan，覆盆子－荔枝），還有莫加多爾（Mogador，百香果－牛奶巧克力），他以獨特的味覺風格，創造出非比尋常的口味組合，在甜點領域是無可爭議的大師。

簡單的香草－草莓組合就足夠迷人，栗子－黑醋栗還有巧克力－柑橘也都一樣。有點尖銳，帶點「挑逗」的味道，會喚醒更圓潤的感受，兩者最終會在不破壞彼此的情況下相互襯托，讓味道更加提升。正所謂異性相吸，正是人生的經典情節！

———————

因此，在口味方面的最後一個例子，我決定以栗子柑橘塔來說明這個概念。

栗子柑橘塔

(la tarte marron-agrumes)

這一味找不到可追溯的歷史。但是，我們可以從中窺探栗子在甜點史中的地位。

歷史

栗子（marron）——或者更確切地說是板栗（châtaigne），因為這裡提到的是可食用堅果——冬季料理的傳統元素。板栗樹的果實，不能與七葉樹的果實混為一談，七葉樹的果實是不可食用的。栗子在甜點中占有一席之地，它多半是以轉化過的形式被使用：糖漬栗子、栗子膏、栗子醬或泥。栗子甜點的經典代表蒙布朗（Mont-Blanc）是由安潔莉娜茶館（salon de thé Angelina）的甜點師於二十世紀初創作出來的，主要是由蛋白霜餅、打發鮮奶油和栗子膏所組成。經過許多的變化與重新詮釋，以多元搭配的特色，展現出不同口味組合的可能性。黑醋栗或藍莓等深藍色水果的效果

鮮明，但帶有濃濃日式風的綠茶和芝麻等食材也很不錯。最終，栗子的甜味只需要多點酸，甚至偏苦的成分來凸顯，像是柑橘類水果，就能完美地發揮這種襯托的作用。

味覺的情感

在下面的甜點塔配方中提到的栗子柑橘組合，依循了之前所提到的口味原則：引入非常柔軟、非常圓潤的口味，就如在阿韋龍（Aveyron）的一位知名甜點師（譯註：指的是「西里爾·利尼亞克」）所形容的，就像「擁抱」！這些香味主要是由香草甜塔皮所帶來的，而覆蓋塔皮上的杏仁奶醬也有著使香味更加濃郁的呼應

作用。在第一口咬下時，微弱的酸味會帶我們走出遐想：含有兩種糖漬檸檬的一層苦得恰到好處。然後是栗子口味的外交官奶醬，內含的糖漬栗子片能凸顯出甜味，再來則由點綴裝飾的新鮮與糖漬柑橘類水果美妙的收尾。為了體驗這美好滋味的組合，需要在不同口味間遊走。

五感饗宴

與一般栗子甜點的經典視覺印象稍有不同，這款塔具有強烈視覺化的擠花滾邊，以及不對稱排列的水果裝飾，而且要以更講求製作技巧的方形塔皮成型。塔中的水果，更以不同形式（果肉瓣、切圓片或糖漬果皮）以及不同品種（葡萄柚、柳橙、檸檬和金柑）的柑橘類來凸顯。水果的繽紛顏色落在米色、棕色的柔和之間相得益彰，映襯出整體的視覺美感。在大口吃下之前，花片刻時間來感受它甜美和溫暖的氣味，這些香氣能喚起人們對冬季的美好回憶。甜塔皮的硬脆，很快就讓奶醬和糖漬水果的柔軟滑順給取代，這質地的對比也讓人聯想到味道上的對比。從立體感到口味組合都傳達出其獨特性，這是一道值得擁有專屬光環的甜點，不是嗎？為了向盛產柑橘類水果和栗子的科西嘉島致敬，以下特別要向您介紹卡莉斯特（Kallisté）塔，這個名字來自古代美麗之島，在希臘語中有「最美的」的意思！

品嘗時機

卡莉斯特塔充滿著對比鮮明的風味，在寒冷冬天的火爐旁享用，是午茶時光再好不過的療癒點心，而且還能品嘗來自法國最美麗地區之一的季節產物。在一餐結束時，用它來劃下句點也很不錯；栗子外交官奶醬吃起來，可是比看起來更為輕盈。

最佳栗子甜點店

Angelina：

一生中您至少得嘗過一次原版的蒙布朗，而且這家店每月都會推出新口味。

226, rue de Rivoli · 75001 Paris

Sadaharu Aoki：

這裡有栗子－抹茶的口味組合。

56, boulevard de Port-Royal · 75005 Paris
103, rue Saint-Dominique · 75007 Paris
35, rue de Vaugirard · 75006 Paris
25, rue Pérignon · 75015 Paris

Goûter, par Sébastien Bouillet：

這裡有栗子－黑醋栗塔。

16, place de la Croix-Rousse · 69004 Lyon
81, avenue des Frères-Lumière · 69008 Lyon

卡莉斯特塔

感知品味描述

視覺

整體外觀

展示
（擺盤或甜點櫃）
優雅
可口

創作
個人風格

大小與比例

平衡
蛋糕體／奶醬／水
果的比例
入口的整體感受

· · · · · · · · · · · · · · · · · · ·

可見度
只有某些成分

組裝
穩固

顏色

色調
柑橘類的鮮明
栗子醬的淡色

烘焙程度
烤透的塔皮

光澤

表面
對比

表面結構

表面的口感作用物
細條狀擠花
青檸檬皮屑

裝飾
水果的裝飾及口味
傳達

notes

· · · · · · · · · · · · · · · · · · ·
· · · · · · · · · · · · · · · · · · ·
· · · · · · · · · · · · · · · · · · ·
· · · · · · · · · · · · · · · · · · ·
· · · · · · · · · · · · · · · · · · ·
· · · · · · · · · · · · · · · · · · ·
· · · · · · · · · · · · · · · · · · ·
· · · · · · · · · · · · · · · · · · ·
· · · · · · · · · · · · · · · · · · ·
· · · · · · · · · · · · · · · · · · ·

切片

整體性
呈現整體蛋糕的經
典特色

驚喜
隱藏成分（糖漬檸
檬、杏仁膏、糖漬
栗子塊）

嗅覺

氣味

準備及烘烤時的氣味
水果味（柑橘類）
原料的氣味（鮮奶油、牛奶、栗子、奶油）
香料味（香草）

成品

最初接觸
甜味

辨識主導味
栗子

分析
水果（柑橘、栗子）

續味
柑橘類

味覺

最初印象
主導風味：甜味
味道複雜度
口中的新鮮感
對比然後和諧
苦味的存在（葡萄柚）

第二印象
五感的一致性
感知到的新成分
（糖漬檸檬及杏仁奶油餡）

分析

感知到的風味
水果風味（柑橘類）
原料風味（奶油、杏仁）
香料味（香草）
焙烤風味（栗子）

聽覺

切下時

發出的聲音
酥脆（脆皮）
磨擦聲（奶醬）

品嘗時

發出的聲音
酥脆（塔皮）

觸覺

質地

固體部分
酥脆（塔皮）

液體部分
多汁（葡萄柚的果肉切片）

厚實部分
厚重（糖漬果皮＋金柑、栗子塊）

對比
介於塔皮和內餡間

融化部分
滑順（外交官奶醬）
鬆軟（杏仁奶油餡及糖漬水果）

享用時機
不須立即享用

終味
和諧

notes

卡莉斯特塔

（15公分正方形塔×2）

香草甜塔皮

總重 200 克
T55 麵粉 85 克
糖粉 30 克
杏仁粉 10 克
細鹽 1 小撮
香草粉 1 小撮
奶油 50 克
全蛋 20 克

使用帶有葉槳的攪拌機，在攪拌缸中將除了全蛋以外的所有材料攪拌均勻。當混合物呈現砂粒狀時，分次慢慢加入全蛋攪拌融合。攪拌至大致均勻後，將麵團移到工作檯上，以掌根輕輕揉麵。將麵團整型成方形，用保鮮膜包好，放置冰箱冷藏鬆弛一小時。將麵團擀成厚度2公釐的塔皮。裁切出底部所需15×15公分的正方形塔皮，以及側邊所需2×15 公分的長條狀塔皮。將塔皮鋪放入塔模中，放入冰箱冷藏。在塔皮內壓上重石空燒，以165 ℃烤約十二至十三分鐘。

杏仁奶油餡

總重 105 克
杏仁粉 25 克
白砂糖 25 克
奶油 25 克
全蛋 25 克
T55 麵粉 5 克
糖漬栗子幾個

使用微波爐加熱融化奶油，成油膏狀。使用帶有葉槳的攪拌機，在攪拌缸內放入油膏狀奶油及糖。加入杏仁粉拌勻。慢慢少量加入全蛋液攪拌融合。記得定時刮缸。最後再加入麵粉攪拌均勻。將攪拌好的杏仁奶油餡填入裝有直徑20公釐圓形擠花嘴的擠花袋中。再擠入空燒好的塔皮裡。表面放上幾塊糖漬栗子塊。在165 ℃下，烤約十二至十三分鐘完成烘焙。杏仁奶油餡必須輕微上色，但仍維持濕潤的狀態。

兩種糖漬檸檬

總重 205 克
（可視情況增加）
有機黃檸檬 65 克
有機青檸檬 65 克
白砂糖 30 克
黃檸檬汁 40 克
蜂蜜 5 克

將兩種檸檬切碎。所有材料放入鍋中，以中火加熱熬煮。在鍋子上覆上（耐高溫）保鮮膜，以減少水分的蒸發。過程中混合物是呈微滾狀態（熬煮時維持在「沸騰前有小氣泡冒出滾動」，不能煮到沸騰大滾）。檸檬煮好後，用手持式調理棒攪打勻，過濾後，加入蜂蜜拌勻。

香草甜點師奶醬

總重 400 克（可視情況增加）
全脂牛奶 255 克
香草粉 1 克
白砂糖 50 克
蛋黃 45 克
玉米澱粉 20 克
T55 麵粉 10 克
奶油 20 克

將牛奶和香草粉放入鍋中煮沸。蛋黃與糖混合後，打發至泛白。加入麵粉和玉米澱粉攪拌均勻。用熱牛奶稀釋蛋黃麵糊後，再重新倒回熱牛奶鍋中續煮。在中火下加熱，將奶醬煮至沸騰，接著持續攪拌二至三分鐘，直至變得濃稠。離火，加入奶油攪拌融合，然後倒至另一個鋼盆中。接觸覆膜，放入冰箱冷藏備用。

栗子外交官奶醬

總重 250 克
鮮奶油（乳肪脂含量 35%）90 克
香草甜點師奶醬 40 克
香草粉 0.5 克
栗子泥 20 克
栗子膏 100 克
吉利丁 ¼ 片

將吉利丁放入冰水中浸泡。在攪拌機中使用打蛋球打散甜點師奶油醬，直至完全光滑。攪拌過程中記得要刮缸。在攪拌機中以打蛋球打發鮮奶油，打至質地硬挺。它會決定外交官奶醬獨特的質地。取三分之一的甜點師奶醬加入瀝乾的吉利丁後，放入微波爐加熱。接著用打蛋器攪拌均勻。再重新倒回剩餘的三分之二的甜點師奶醬中，然後加入事先已用打蛋器打勻的栗子泥和栗子膏。最後加入打發香草鮮奶油，用橡皮刮刀混合均勻。此奶醬的混合步驟必須快速進行，以避免吉利丁結塊。擠花使用前，放置冰箱冷卻十二小時。

糖漬果皮（波美$_{30}$ °C糖漿）

黃檸檬 1 個
水 130 克
白砂糖 170 克
柳橙 1 個
葡萄柚 1 個
金柑 3 至 4 個
青檸檬 1 個

用削皮刀削下檸檬果皮，然後切成細絲。以水和白砂糖加熱煮到溶化，放涼製作糖漿。將檸檬細絲浸泡在糖漿中。

組裝

塔皮上平均鋪放一層薄薄的兩種糖漬檸檬。用小型的斜角抹刀整平表面。再用栗子外交官奶醬填滿整個塔皮。將栗子外交官奶醬填滿裝有扁齒花嘴（douille chemin de fer）的擠花袋。從塔的一邊角開始，在塔的兩側來回擠出奶醬。用抹刀將塔周圍多餘的部分刮掉。取柳橙及葡萄柚的果肉切片。將金柑切成薄片，糖漬栗子切塊。如圖片所示，裝飾塔面，用麥果普連刨絲器磨碎青檸檬皮屑點綴頂面。

國王派

(la galette des rois)

在解析甜點品味學的最後，是否有那一種法式甜點能包含五種感官體驗？或是必須統合視覺、嗅覺、觸覺、味覺等五感的終極感官感受？有，就是國王派！

歷史

國王派的歷史淵源與基督教息息相關，在法國它是主顯節（Epiphany）食用的甜點，希臘語是「出現（apparition）」，對應由東方前來的三賢士謁見耶穌誕生的日子。自十三世紀以來，此傳統習俗已在法國確立：顧客之間共同享用一個派，並為第一個出現的窮人提供額外一份。分食成員中最幼者要藏身桌下，指示分配給在座每位的傳統遊戲，也出現在這時代。

主顯節是慶祝耶穌基督首次顯露的日子，是在聖誕節後十二天也就是一月六日，不過延續下來的習俗，以新形式存在法國的日常。現今「抽選國王」的活動則是在一月的第一個星期日進行。至於在派裡包藏著一種法語稱為豆子的起源，可追溯到羅馬時代，人們將硬幣或豆子包藏在麵包中以決定國王的歸屬。如今國王派中

含藏的豆子已被小瓷偶取代，小瓷偶的造型多樣化，但仍沿用豆子的名稱，甚至掀起專門收藏的風潮，還有圍繞在國王派與國王蛋糕的變化。在法國北部，主要以杏仁卡士達奶醬（frangipane）為內餡的酥皮派為主流；在南部則風行以橙花調味並搭配糖和糖漬水果的布里歐。我們可以根據甜點師的創作與設計趨勢及「國王派」每年在社交媒體上引發的熱潮來看，它們的變化似乎是無限寬廣的。

終極感官組合

在這裡將重點介紹，由法式酥皮和杏仁卡士達奶醬製成的傳統國王派。從甜點店的櫥窗望去，金色色調、派皮的分層，都是吸引大眾目光的細節。國王派表層的亮面應該有剛好的光澤感，糖不能過多，

且整體是均勻地膨脹，派裡不能充滿空隙。國王派的均勻度很重要沒錯，不過更值得關注的是它該有的手工特徵：要是太過工整的派就不是手工製的了！如果想在視覺上表現質樸特性的話，可以在表面撒上整顆和壓碎的杏仁。此外，非常重要的是，選購的國王派要具有分量感，切開後派皮中間夾著飽滿的內餡。而在烤箱重新稍微加熱後，會散發奶油、焦糖和杏仁的香氣；讓人透過飄出的香氣就知道可以品嘗了！接著就是眾所期待的分切國王派儀式。當然由躲在桌底下的孩子，指示將切好的國王派分配給在場的每個人，能增加分食國王派的樂趣與儀式感，但不可否認，聚焦眾人專注力的，也正是刀刃下酥脆的酥皮。通常此時的氣氛會安靜到令人有點尷尬……畢竟大家屏氣凝神在會不會切到小瓷偶……呼！所幸沒有！然而，實際上不只有聽起來很愉悅的聲響充斥空間。酥皮之間的夾層應當是填滿著杏仁卡士達奶醬的內餡。主角是酥皮與夾層內餡，您應該能觀察到一咬即碎的酥皮，是一層層美麗分層且不會過度碎裂的薄片；而柔軟濕潤的杏仁卡士達奶醬帶有相當不錯的密度。國王派的堅硬外殼在切下時飄散出濃郁奶醬的甜味，這種質地的分明對比有助於品嘗體驗。

當然，杏仁與苦杏仁的香氣也在此刻大顯身手，滿足國王派的愛好者！最後大口咬下：避開多餘的思考，也不用取巧找瓷偶。用味蕾來感受品嘗國王派的甜蜜滋味與分量十足的美味。那既高雅又平衡的味道，是成分與比例正確下展現出的成果。國王派是種統合五種感官體驗的極致甜點，同時具備了耀眼、豐富、芬芳、輕盈、微妙……的特性，而最重要的是極度的美味！

品嘗時機

純粹主義者會在一月的第一個星期日提醒，偏執狂則會整個一月都不斷提出！有些人甚至對於無法整年享用感覺可惜。國王派很適合與家人親友一起分食享用。溫熱吃能大幅地開啟所有的感官，當然也能來杯香檳增添歡樂的節日氣氛，慶祝新年到來！

最佳國王派

La Boulangerie du Square :

純正的國王派用的是很好的原料，且內藏著傳統的真正豆子。另有相當出色的榛果－檸檬版本。

50, rue Hermel · 75018 Paris

Sain Boulangerie :

不要小看它簡單的外型，
這款就是美味。

15, rue Marie-et-Louise · 75010 Paris

國王派

感知的品味描述

視覺

整體外觀

展示（擺盤或甜點櫃）
可口
符合要求

大小與比例

平衡
派皮／內餡的比例
蛋糕的整體
入口的整體感受

可見度
只有某些成分（隱藏的內餡）

烘焙膨脹
膨脹良好

....

組裝
穩固

顏色

色調
鮮明
經典顏色
金黃色調

烘焙程度
完全烤透

光澤

表面
有光澤

....

表面蛋液亮面
有

亮面
光澤感：焦糖細粉
均勻性

表面結構

表面的口感作用物
整顆杏仁及杏仁碎片

裝飾
與內部的一致性

切片

整體性
呈現整體蛋糕的經典特色

驚喜
隱藏成分（在內部的杏仁）

---

notes

....

....

....

....

....

....

....

....

....

....

....

嗅覺

氣味

準備及烘烤時的氣味
原料的氣味（奶油）
焙烤味（杏仁）

成品

最初接觸　　　　**辨識主導味**
圓潤且帶甜味　　　杏仁

分析　　　　　　**續味**
原料的氣味（奶油）　奶油
焙烤味（杏仁、焦糖）
植物味（苦杏仁）

味覺

最初印象　　　　**第二印象**
主導風味：杏仁　　　五感的一致性
味道的純度
口中的油膩感
和諧、圓潤

分析

感知到的風味
原料風味（杏仁、奶油、糖）
焙烤風味（杏仁、焦糖）
植物味（苦杏仁）

聽覺

切下時

發出的聲音
酥脆（法式酥皮）
鬆脆（內餡中的杏仁）

品嘗時

發出的聲音
酥脆（法式酥皮）
鬆脆（內餡中的杏仁）

觸覺

質地

固體部分　　　　**對比**
具層次（派皮）　　　介於派皮和內餡之
鬆脆（杏仁）　　　　間

厚實部分　　　　**享用時機**
濃郁（杏仁卡士達　　不須立即享用
奶醬）

　　　　　　　　　　終味
融化部分　　　　和諧
鬆軟（杏仁卡士達
奶醬）

notes

杏仁國王派

（八人份）

反折酥皮

反折酥皮
參見第 24 頁聖多
諾黑的配方

依聖多諾黑配方中的步驟製作反折酥皮，但需將數量翻倍以製作出1公斤的麵團（可作兩個派，但需有足夠的擀麵皮技巧）。

裁切

在擀開前的三十分鐘，將酥皮從冷藏中取出使其回溫。在撒了麵粉的工作檯上，將酥皮擀成7至8公釐厚。用刀具裁切出直徑26公分的圓形酥皮。一個國王派需要兩張圓形酥皮。將切好的酥皮放置冰箱冷藏鬆弛。裁切時請小心，將酥皮沿著擀開的同一方向排放，避免變形。

布蕾奶醬

總重 250 克
全脂牛奶 55 克
鮮奶油（乳脂肪
含量 35%）55 克
白砂糖 25 克
蛋黃 75 克
吉利丁 ½ 片
可可脂 35 克
100% 香草粉 0.5 克

製作的前一天，將牛奶、鮮奶油和香草粉倒入鍋中加熱煮沸。將吉利丁放入冰水中浸泡，使其軟化。將蛋黃和糖放入鋼盆中，用打蛋器打發至泛白。準備一個放有冰塊的鋼盆，隔著冰塊上面再放上另一個鋼盆。這是在奶醬煮好後可以立刻用來降溫使其冷卻，以停止內部持續加熱。將三分之一的熱液體倒在打發至泛白的蛋黃糊上，充分攪拌均勻。再重新倒回熱液體鍋中續煮。加入瀝乾的吉利丁混拌溶解，然後將煮好的奶醬倒入底部隔著冰塊鋼盆的容器裡冷卻。加入可可脂，然後攪拌一至兩分鐘，直到奶醬呈現光滑狀態。倒入合適的容器中，接觸覆膜，放入冰箱中冷藏。奶醬需十二小時凝固。

杏仁奶油餡

總重 275 克
（一份內餡）
杏仁粉 65 克
白砂糖 65 克
奶油 65 克
全蛋 65 克
T55 麵粉 15 克

製作當日，將奶油軟化成油膏狀，然後使用葉漿在攪拌機中打到光滑。倒入糖持續攪打。攪拌過程需刮缸。接著加入杏仁粉拌勻。持續刮缸。將蛋液在微波爐中加熱至微溫（20至22°C），接著緩慢少量地

加入攪拌融合。最後加入過篩的麵粉拌勻。最後一次的刮缸要仔細，以確保混合物的均勻性。置放室溫下，接著進行杏仁卡士達奶醬的製作。

杏仁卡士達奶醬

總重 405 克（一份內餡）＋ 20 克的焙烤過的碎杏仁粒
杏仁奶油餡 260 克
布蕾奶醬 120 克
深色蘭姆酒 20 克
苦杏仁萃取液 5 克

攪拌前一小時取出布蕾奶醬，一定要回溫。在此期間製作杏仁奶油餡。在攪拌機中，將杏仁奶油餡與三分之一的布蕾奶醬混合。以刮板刮缸，然後重複此步驟兩次，直到加入所有的布蕾奶醬。以微波爐加熱蘭姆酒和苦杏仁（約20至22℃），然後少量慢慢加進杏仁卡士達奶醬中混合拌勻。將杏仁卡士達奶醬擠至直徑16公分、高2公分的圓形模裡，在上面撒上焙烤過的碎杏仁粒。輕輕按壓碎杏仁粒，使它們能充分附著在奶醬裡。此時放入小瓷偶。放入冷凍室。

組裝

準備一把刷子用來刷水，另一把刷子用來刷蛋液，一把切割刀和一個直徑22公分的圓環。在工作檯面撒上麵粉，然後放上一層酥皮。用刷子沾水將酥皮的外圍輪廓向內潤濕5至6公分。將內餡擺放在酥皮的中心。然後將第二張酥皮轉四分之一圈後覆蓋在上面。一邊壓出酥皮間的空氣，一邊將兩片酥皮確實按壓至黏合，並標記內餡角度的記號。注意不要拉扯或壓擠酥皮。使用切刀和直徑22公分的圓環，將多餘的酥皮切除使酥皮呈圓形。（剩餘的酥皮可在其他配方中重複使用，例如布丁塔。）用刀在五個不同的地方輕輕戳刺入。將國王派翻面並塗刷上蛋液，然後放置冰箱四十五分鐘。當蛋液乾燥後，再塗刷上第二層，然後再次放入冰箱乾燥。

烘焙程度

將對流烤箱預熱至170℃。將國王派放在鋪好烘烤紙的烤箱上，刷有蛋液的一面朝下。在烤盤的四個角放置大約4公分高的墊片作為支撐。再放上另一個烤盤，可另外再增加重量（鍋子、第二個烤盤等）來壓蓋，能使烤出的酥皮更加平整。在170 ℃下烤約七十五至九十分鐘。

裝飾

　　烤熟後，將其翻面，使刷有蛋液的一面朝上，撒上焦糖細粉（見第26頁的配方），然後用焙烤過的碎杏仁粒裝飾。再放入200℃烤箱中烘烤二至三分鐘，讓焦糖細粉焦糖化。

品嘗

　　與其他維也納麵包一樣，國王派的最佳享用時機，是在它冷卻到還有點微溫的時候。若國王派已經變涼了，可放入170℃的烤箱中重新加熱幾分鐘。

感知品味描述表

下表總結了本書的內容，

您可以在品嘗蛋糕或甜點時運用它，

法（原）文表單可以在以此下載：www.honorevousguide.fr

			特性	細節
視覺	整體外觀	展示 （擺盤或甜點櫃）	・整齊 ・優雅 ・可口 ・符合要求 ・重新詮釋 ・其他或不適用	
		創作	・因不同形狀或擺飾的創新 ・與甜點師或甜點店的歷史相關 ・個人風格	
	大小與比例	平衡	・蛋糕體／奶醬的比例 ・塔皮／內餡的比例 ・蛋糕的整體 ・入口的整體感受	
		可見度	・所有成分 ・只有某些成分	
		烘焙膨脹	・膨脹良好 ・和諧	
		組裝	・穩固或脆弱	
	顏色	色調	・鮮明 ・色素的存在 ・淡色 ・出乎意料的顏色 ・經典顏色	
		季節性	・依循季節性 ・成熟水果 ・非當季	
		烘焙程度	・烘焙程度多寡	
	光澤	表面	・具光澤感 ・霧面 ・對比	

光澤	亮面	・具光澤感（亮面膠／翻糖／糖漿／焦糖或焦糖細粉） ・亮面的厚度 ・是否有小氣泡存在 ・均勻性	
	蛋液	・表面是否有蛋液存在	
表面結構	表面的口感作用物	・脆皮、酥粒、牛軋糖、焦糖堅果、可可碎粒、巧克力屑 ・霧面處理	
	裝飾	・是否具美感 ・相關性／一致性	
切片	整體性	・呈現整體蛋糕的經典特色 ・切下後是否不同	
	驚喜	・隱藏或驚喜成分	
氣味	準備及烘烤時的氣味	・水果味 ・原料的氣味 ・香料味 ・焙烤味 ・花香味 ・植物味	
嗅覺	成品	最初接觸	・新鮮且鮮明的氣味 ・圓潤且帶甜的氣味
		分析	・水果味 ・原料的氣味 ・香料味 ・焙烤味 ・花香味 ・植物味
		辨識主導味	
		續味	
	回憶	記憶中的品嘗經驗	
聽覺	切下時	發出的聲音	・酥脆 ・硬脆 ・鬆脆 ・摩擦聲
	品嘗時	發出的聲音	・酥脆 ・硬脆 ・鬆脆 ・摩擦聲

觸覺	質地	固體部分	· 酥脆／具層次 · 硬脆 · 鬆脆 · 易碎 · 顆粒感
		厚實部分	· 濃郁 · 油膩 · 厚重 · 糖漿狀
		融化部分	· 滑順 · 鬆軟 · 柔軟 · 有彈性 · 可流動
		液體部分	· 多汁 · 泡沫感
		膨鬆	· 慕斯 · 奶醬 · 沙巴雍 · 冰淇淋
		對比	介於不同成分間
		享用時機	立即享用或不須立即享用
		終味	和諧或對比
味覺	分析	最初印象	· 主導風味 · 純粹或複雜的味道 · 口中新鮮或油膩感 · 對比或和諧、圓潤 · 苦味或鹹味的存在
		第二印象	· 五感的一致性 · 突出的成分 · 感知到的新成分
		感知到的風味	· 水果風味 · 原料風味 · 香料味 · 焙烤風味 · 花香味 · 植物味 · 新口味（碘化物、礦物、煙燻、鹽漬）

名詞解說

擀麵／擀開的麵皮（Abaisser／abaisse）：
使用擀麵棍將麵團擀開至所需的厚度／擀開的麵皮。

醬糊或麵糊（Appareil）： 指多種材料的均勻混合物，用於製作蛋糕、塔及冰淇淋等，在烘焙前或倒入冰淇淋機前的主體。

千層薄餅（Arlettes）： 千層派皮製作而成的脆薄餅。

鳥嘴（Bec d'oiseau）： 形容蛋白霜或麵糊打發的狀態。

奶油團（Beurre farine或beurre manié）：
混合麵粉和奶油的奶油團，製作反折千層酥皮時使用。

焦化奶油或榛果奶油（Beurre noisette）：
在高溫下煮至發出榛果香氣且帶深栗色時的奶油。

軟化奶油（Beurre pommade）： 事先以攪打升溫，使奶油的質地呈柔軟的油膏狀態。

發白（Blanchir）： 蛋黃或全蛋，和糖粉一起打發至均勻且發白的慕斯狀態。

乾式焦糖（Caramel à sec）： 不加水，單純由糖加熱煮成的焦糖。

塑型塗抹（Chablonner）： 用刷子在塔殼內塗刷一層薄薄的融化白巧克力或黑巧克力，防止塔皮濕潤影響口感。

脫模防黏（Chemiser）： 在加入主要材料之前，先於烤模或烤環內側放上一層烘焙紙或塗上一層奶油等避免沾黏的手續。

篩子（Chinois）： 通常是錐型狀，常用來過濾醬汁用的細孔篩。

刮板（Corne）： 有彈性的塑膠材質，帶圓弧邊的工具，是操作麵團時用來將沾黏的麵團「刮回（ramener）」聚集成團，或把盤底刮乾淨時使用。也常用來切割麵團、攪拌馬卡龍麵糊或輔助過篩。

攪拌鉤（Crochet）： 攪拌麵團用的攪拌機配件。

結皮（Croûter）： 讓麵糊或麵團表面乾燥形成一層乾膜。

煮至「剛好覆著」（Cuire « à la nappe »）：
以小火煮至蛋液凝結的溫度，也就是83℃，剛好能讓醬汁黏著在刮刀上的程度。

雞屁股（Cul-de-poule）： 雞生蛋的地方。好啦，說正經的：是指一般的不鏽鋼容器，有像沙拉碗般的圓底，用來攪拌材料時使用。

除泡（Débuller）：在倒入糖水之前，停止沸騰且讓氣泡消失的步驟。

降糖溫（Décuire）：在煮糖時加入一點液體使溫度下降的步驟。

除氣（Dégazer）：將氣體排出發酵麵團的步驟。

收乾（Dessécher）：在火爐上拌煮麵團，直到麵團水分揮發減少。

攪散（Détendre）：攪拌材料主體，使其質地柔滑。

翻麵（Donner un rabat ou rabattre）：藉由折疊發酵麵團的方式拉扯麵筋，帶來筋度及彈性。

聖多諾黑擠花嘴（Douille à saint-honoré）：像是有缺口的小塞子，搭配擠花袋一起使用，聖多諾黑擠花嘴的樣式，是專門用來裝飾聖多諾黑蛋糕上的鮮奶油，或是甘納許時使用。

乳化（Émulsionner）：使原本無法混合的水及油脂得以結合在一起。也就是不相溶的兩種液體間，引發其中一種液體分散於另一種液體中的現象。

接觸覆膜（Filmer au contact）：將保鮮膜盡可能不留空隙地緊貼覆蓋在製作好的醬或材料上，以避免接觸到空氣而滋生細菌或變質。保鮮膜緊貼覆蓋可避免水氣凝結，形成水珠而滴到表面。

撒粉（Fleurer）：以手腕精確的動作，在工作檯撒上一層既廣又極薄的麵粉層，用來防黏且不使產品增加多餘的麵粉量。

入模（Foncer）：將擀好的麵皮放入模具。

揉麵（Fraser或fraiser）：用手掌根部壓揉麵團使其混合均勻的手法。

甘納許（Ganache）：鮮奶油或牛奶與巧克力乳化後製作而成。

少量緩加（Incorporer au filet）：以少量增加的方式，慢慢地加入材料。

馬卡龍混合（Macaronner）：製作馬卡龍時以刮刀或刮板邊按壓消泡，邊拌合粉類與蛋白霜至質地適合製作馬卡龍程度的操作。

橡皮刮刀（Maryse）：介於刮刀、刮板和勺子間的用具，是不可或缺的基本工具。

巧克力調溫（Mettre au point du chocolat／tabler）：利用溫度調整調溫巧克力（le chocolat de couverture），使巧克力的分子呈穩定結晶狀態，以達到完美的光澤、流動性及口感。通常在調溫巧克力的外包裝上可以找到調溫用的溫度曲線。

麥果普連（Microplane）：細齒刨刀，用來刨削或削磨柑橘類薄皮、薑等。

平底圓模（Moule à manqué）：底平且邊高的圓模，可用來製作海綿蛋糕、分蛋海綿蛋糕、乳酪蛋糕、巴伐露（bavarois）等。

薄脆餅碎（Pailleté feuilletine）：法式薄脆餅（crêpe dentelle）的碎片。也可以用嘉弗特（Gavottes）此類的脆餅壓碎來使用。

擠花（Pocher）：使用掛有擠花嘴或不掛花嘴的擠花袋，擠出造型裝飾的操作。

首次發酵（Pointer）：在麵團揉好後及整型之前，進行的第一次發酵。

發酵膨脹（Pousser ou pousse）：進行發酵膨脹。在此過程中麵團會在酵母作用下增加體積。

刷糖漿（Puncher）：在海綿蛋糕或其他種蛋糕體上，塗刷含或不含酒精的糖漿。

剩麵（Rognures）：裁切後剩餘的麵團。

緞帶狀（Ruban）：是指將麵糊或醬打發到某種狀態，將其提起至某個高度，滴落下會呈現出緞帶般的摺疊狀。

沙巴雍（Sabayon）：一種用蛋黃加糖，邊煮邊打發成慕斯質地的醬。

搓砂法（Sabler）：將奶油、麵粉、糖或其他粉類攪打在一起成細砂狀。

加糖穩定（Serrer）：當打發蛋白時，加糖使其質地更緊緻的步驟。

葡萄糖漿（Sirop de glucose）：葡萄糖加水混合而成，常用來製作冰淇淋、焦糖、糖漬水果及拉糖。呈黏稠且透明的質地。它可軟化甘納許的質地。

一比一（Tant pour tant）：兩種粉類以相同的比例混合，通常指的是糖粉與杏仁粉。

烘烤（Torréfier）：用烤箱乾烤（無水無油）堅果類、咖啡豆或巧克力豆，目的在除去水分與提升香氣。

折疊（Tourage）：用擀麵棍或壓麵機，將千層麵團擀壓到適當厚度，並折疊成三層或四層的步驟。

油水分離（Trancher）：是指在某混合物內出現水相與油相分離，也就是質地變得不均勻。

轉化糖（Trimoline或sucre inverti）：由蔗糖水解得到的產物。會得到葡萄糖和果糖等比例的混合物。具保濕力，能防乾（保持濕潤），且甜度比蔗糖高（約高出20%）。

刮果皮（Zester）：用刮果皮刀或刨刀來刮、刨削柑橘類水果等果皮部分。

參考文獻

文章／研究／書籍

Álava S.,*Les odeurs et les émotions* , étude.
更多資料請上此作者的網站：https://silviaalava.com.

American optometric association, *How your eyes work*.
Carleton, A. Accolla, R. Simon, S. A., *Coding in the mammalian gustatory system*,
Trends neurosciences, 2010.
Chen X., Gabitto M., Peng Y., Ryba N. J. P., Zuker, C. S., *A gustotopic map of taste qualities in the mammalian brain* , Science, sept. 2011.
Chikazoe J., Lee D. H., Kriegeskorte, N. et Al. *Distinct representations of basic taste qualities in human gustatory cortex*, Nature communications 10, 1048, 2019.
Rosenfield I., Ziif E. B., *De la langue au cerveau: les secrets du gout*, sept.info.com.
Shepherd G. M., *Neurogastronomy*, Columbia University press, août 2013.
Spence C., *Gastrophysics: the new science of eating*, Viking, 2017.

影片／podcast

Comment sent-on?, Éditions Jean Lenoir sur Youtube.
François Daubinet, l'hybride entre art et patisserie, épisode n° 27, 2 décembre 2020,
lenversdudessert.com.

五味坊 129

甜點品味學

蛋糕、塔派、泡芙、可頌、馬卡龍⋯⋯
深入剖析五感體驗，學習多元風味的拆解與重組

原 書 名	Comment j'ai dégusté mon gâteau
作 者	瑪莉詠‧堤露 (Marion Thillou)
食 譜	馬修‧達梅 (Matthieu Dalmais)
攝 影	大衛‧嘉皮 (David Japy)
插 畫	希西‧黃 (Cécile Huang)
譯 者	黃詩雯

總 編 輯	王秀婷
主 編	洪淑暖
特約編輯	蘇雅一

發 行 人	涂玉雲
出 版	積木文化
	104台北市民生東路二段141號5樓
	電話：(02) 2500–7696	傳真：(02) 2500–1953
	官方部落格：www.cubepress.com.tw
	讀者服務信箱：service_cube@hmg.com.tw
發 行	英屬蓋曼群島商家庭傳媒股份有限公司城邦分公司
	台北市民生東路二段141號11樓
	讀者服務專線：(02)25007718–9	24小時傳真專線：(02)25001990–1
	服務時間：週一至週五09:30–12:00、13:30–17:00
	郵撥：19863813	戶名：書虫股份有限公司
	網站：城邦讀書花園	網址：www.cite.com.tw
香港發行所	城邦（香港）出版集團有限公司
	香港灣仔駱克道193號東超商業中心1樓
	電話：＋852–25086231	傳真：＋852–25789337
	電子信箱：hkcite@biznetvigator.com
馬新發行所	城邦（馬新）出版集團 Cite（M）Sdn Bhd
	41, Jalan Radin Anum, Bandar Baru Sri Petaling, 57000 Kuala Lumpur, Malaysia.
	電話：(603) 90563833	傳真：(603) 90576622
	電子信箱：services@cite.com.my

封面完稿　曲文瑩
製版印刷　上晴彩色印刷製版有限公司

【印刷版】 Printed in Taiwan.
2023年6月29日　初版一刷
售　價／NT$630
ISBN 978-986-459-504-4

【電子版】
2023年6月
ISBN 9789864595051（EPUB）
有著作權‧侵害必究

Published in the French language
originally under the title:
Comment j'ai dégusté mon gâteau
© 2021, Éditions First, an imprint of
Édi8, Paris, France.
Complex Chinese edition published
through The Grayhawk Agency
Complex Chinese translation copyright
© 2023 by Cube Press, a division of Cite
Publishing Ltd.

國家圖書館出版品預行編目資料

甜點品味學：蛋糕、塔派、泡芙、可頌、
馬卡龍......深入剖析五感體驗,學習多元
風味的拆解與重組/瑪莉詠.堤露(Marion
Thillou)作；黃詩雯譯. -- 初版. -- 臺北市：
積木文化出版：英屬蓋曼群島商家庭傳媒
股份有限公司城邦分公司發行, 2023.06
200面；17x22公分. -- (五味坊；129)
譯自：Comment j'ai dégusté mon gâteau
ISBN 978-986-459-504-4(平裝)

1.CST: 點心食譜

427.16   112007168

城邦讀書花園
www.cite.com.tw